园林工程
从新手到高手——

园路、园桥、广场工程

主编　阎秀敏

参编　魏文智　何艳艳　白巧丽
　　　孙玲玲　董亚楠

机械工业出版社
CHINA MACHINE PRESS

本书将内容分为新手必读与高手必懂，帮助读者掌握专业知识的关键点，快速提升从业技能。

本书共分为五章，内容包括：园路、园桥、广场、铺装工程基础知识，园路工程，园桥工程，广场工程与综合实例。

本书内容通俗易懂，与园路、园桥、广场工程的实践以及技能鉴定相结合，将新知识、新观念、新方法与职业性、实用性和开放性融合，培养读者对园路、园桥、广场工程的实践能力和管理能力等。可供从事园路、园桥、广场工程等领域的工程技术人员、科研人员和管理人员参考，也可供高等院校园林景观及相关专业师生参阅。

图书在版编目（CIP）数据

园林工程从新手到高手．园路、园桥、广场工程/阎秀敏主编．—北京：机械工业出版社，2021.6（2023.3重印）
ISBN 978-7-111-68320-9

Ⅰ．①园…　Ⅱ．①阎…　Ⅲ．①园林－工程施工　Ⅳ．①TU986.3

中国版本图书馆 CIP 数据核字（2021）第 096372 号

机械工业出版社（北京市百万庄大街22号　邮政编码100037）
策划编辑：张　晶　责任编辑：张　晶　吴海宁
责任校对：刘时光　封面设计：马精明
责任印制：常天培
北京机工印刷厂有限公司印刷
2023年3月第1版第2次印刷
184mm×260mm·13.75 印张·361 千字
标准书号：ISBN 978-7-111-68320-9
定价：49.00 元

电话服务　　　　　　　　　网络服务
客服电话：010-88361066　机　工　官　网：www.cmpbook.com
　　　　　010-88379833　机　工　官　博：weibo.com/cmp1952
　　　　　010-68326294　金　书　网：www.golden-book.com
封底无防伪标均为盗版　机工教育服务网：www.cmpedu.com

前　言

　　随着我国经济的快速发展，城市建设规模不断扩大，作为城市建设重要组成部分的园林工程也随之快速发展。人们的生活水平提高，越来越重视生态环境，园林工程对改善环境具有重大影响。

　　园林工程主要是用来研究园林建设的工程技术，包括用于地形改造的土方工程，叠山、置石工程，园林理水工程和园林驳岸工程，喷泉工程，园林的给水排水工程，园路工程，种植工程等。园林工程的特点是以工程技术为手段，塑造园林的艺术形象。在园林工程中如何运用新材料、新设备、新技术是当前的重大课题。园林工程的中心内容是如何在综合发挥园林的生态效益、社会效益和经济效益功能的前提下，处理园林中的工程设施与风景园林景观之间的矛盾。

　　园林工程施工人员是完成园林施工任务的最基层的技术和组织管理人员，是施工现场与生产一线的组织者和管理者。随着人们对园林工程越来越重视，园林施工工艺越来越复杂，导致对施工人员的要求不断提高。因此需要大量掌握园林施工技术的人才，来满足日益扩大的园林工程人才需求。为此，我们特别编写了"园林工程从新手到高手"丛书。

　　本丛书分为5分册，包括：《园林基础工程》《园路、园桥、广场工程》《假山、水景、景观小品工程》《园林种植设计与施工》《园林植物养护》。

　　本书不仅涵盖了先进、成熟、实用的园林施工技术，还包括了现代新材料、新技术、新工艺等方面的知识，将新知识、新观念、新方法与职业性、实用性和开放性融合，培养读者园林植物养护的实践能力和管理经验，力求做到技术先进、实用，文字通俗易懂，书中文字、图片及视频相结合，能满足不同文化层次读者的需求。

　　由于时间有限，书中难免还有不妥之处，希望广大读者批评指正。

编　者

CONTENTS

目　录

前言

第一章

园路、园桥、广场、铺装工程基础知识 ………………………………… 1

第一节　园路工程基础知识 ……………………………………… 1

【新手必读】园路的作用 ……………………………………… 1

【新手必读】园路的造景意义 ……………………………… 3

【新手必读】园路的分类 ……………………………………… 4

【新手必读】园路的材料 ……………………………………… 10

第二节　园桥工程基础知识 ……………………………………… 16

【新手必读】园桥的作用 ……………………………………… 16

【新手必读】园桥的造型 ……………………………………… 17

【新手必读】园桥的结构形式 ……………………………… 21

【新手必读】栈道的类别和结构 ………………………… 22

【新手必读】汀步的类别和结构 ………………………… 24

第三节　广场工程基础知识 ……………………………………… 26

【新手必读】园林广场的分类 ……………………………… 26

【新手必读】园林广场的作用 ……………………………… 33

第四节　铺装工程基础知识 ……………………………………… 34

【新手必读】铺装的定义 ……………………………………… 34

【新手必读】铺装的分类 ……………………………………… 34

【新手必读】铺装的作用 ……………………………………… 35

【新手必读】各种铺装样式 ………………………………… 39

【新手必读】铺装材料分类 ………………………………… 46

【新手必读】常用材料应用 ………………………………… 47

第二章

园路工程 ………………………………………………………………………… 55

第一节　园路布局设计 ………………………………………………………… 55

【新手必读】园路的布局形式 ………………………………………………… 55

【新手必读】园路的布局设计 ………………………………………………… 56

【新手必读】园路的设计要求 ………………………………………………… 62

【高手必懂】园路的线形设计 ………………………………………………… 65

第二节　园路结构设计 ………………………………………………………… 73

【新手必读】园路结构组成 …………………………………………………… 73

【高手必懂】园路结构设计 …………………………………………………… 80

第三节　园路结构施工 ………………………………………………………… 84

【新手必读】施工准备 ………………………………………………………… 84

【高手必懂】园路施工技术 …………………………………………………… 85

【高手必懂】园路施工常见问题 …………………………………………… 110

第四节　园路铺装设计 ……………………………………………………… 113

【新手必读】铺装设计原则 ………………………………………………… 113

【新手必读】铺装常见手法 ………………………………………………… 114

【高手必懂】铺装设计要点 ………………………………………………… 116

第五节　园路铺装施工 ……………………………………………………… 127

【新手必读】常见路面类型施工要点 ……………………………………… 127

【新手必读】路面铺装形式 ………………………………………………… 129

【高手必懂】当代铺装施工技术 …………………………………………… 134

第三章

园桥工程 ……………………………………………………………………… 143

第一节　园桥设计 …………………………………………………………… 143

【新手必读】园桥选址 ……………………………………………………… 143

【新手必读】园桥设计步骤 ………………………………………………… 145

【高手必懂】园桥设计要点 ………………………………………………… 145

第二节　园桥施工 …………………………………………………………… 147

【新手必读】施工准备 ……………………………………………………… 147

【新手必读】施工前测量 …………………………………………………… 147

【高手必懂】基础施工 ……………………………………………………… 147

【高手必懂】桥基、桥身施工 ……………………………………………… 152

【高手必懂】桥面施工 ……………………………………………………… 154

【高手必懂】栏杆施工 ……………………………………………………… 159

第四章

广场工程 ·· 161

第一节　广场规划设计 ································· 161

【新手必读】广场规划设计的原则 ·············· 161

【新手必读】广场规划设计的要点 ·············· 163

【高手必懂】广场规划设计的空间构成 ········· 165

【高手必懂】广场规划设计的方法 ·············· 169

【高手必懂】广场的形式美规律 ················· 179

第二节　广场铺装施工 ································· 179

【新手必读】广场铺装的原则 ···················· 179

【新手必读】广场铺装的基本图样 ·············· 180

【高手必懂】广场铺装的施工技术 ·············· 186

第五章

综合实例 ·· 189

【高手必懂】×××商业步行街设计实例 ········ 189

【高手必懂】×××居住区道路设计实例 ········ 194

【高手必懂】×××园桥设计实例 ················· 199

【高手必懂】×××广场设计实例 ················· 201

参考文献 ·· 211

第一章
园路、园桥、广场、铺装工程基础知识

第一节
园路工程基础知识

【新手必读】园路的作用

园林道路，简称园路，是组织和引导游人观赏景物和驻足的空间，与建筑、水体、山石、植物等造园要素一起组成丰富多彩的园林景观，其作用包括以下5个方面。

划分空间

园林景区的划分多是利用地形、建筑、植物、水体或园路。对于地形起伏不大、建筑比重小的现代园林景观，用园路围合、分隔不同景区则是主要方式。同时，借助园路面貌（线形、轮廓、图案等）的变化可以暗示空间性质、景观特点的转换以及活动形式的改变，从而起到组织空间的作用。尤其在专类园中，园路划分空间的作用十分明显，如图1-1所示。

图1-1 百色园鸟瞰图

组织交通

1）经过铺装的园路耐践踏、碾压和磨损，可满足各种园务运输的需求，并能为游人提供舒适、安全、方便的交通条件。

1

2）园林景点间的联系是依托园路进行的，为园林动态序列的展开指明了前进的方向，引导游人从一个景区进入另一个景区。

3）园路为欣赏园景提供了连续不同的视点，可以取得步移景异的景观效果。

构成园林景观

园路作为园林景观的界面之一，自始至终伴随着游人，影响着景观的效果，它与山石、水体、植物、建筑等造园要素，共同构成优美丰富的园林景观，园路的主要表现如图1-2所示。

园路的主要表现	创造意境	中国古典园林中园路的花纹和材料与意境相结合，有其独特的风格与完整的构图
	构成园林景观	通过园路的引导，将不同角度、不同方向的地形地貌、植物群落等园林景观——展现在眼前，形成一系列动态画面，此时园路也参与了风景的构图，即因景得路。再者，园路本身的曲线、质感、色彩、纹样以及尺度等与周围环境的协调统一，也是园林中不可多得的风景
	统一空间环境	通过与园路相关要素的协调，在总体布局中，使尺度和特性上有差异的要素处于共同的铺装地面，相互连接成一体，在视觉上统一起来
	构成个性空间	园路的铺装材料及其图案和边缘轮廓，具有构成和增强空间个性的作用，不同的铺装材料和图案造型，能形成和增强不同的空间感，如细腻感、粗犷感、亲切感、静谧感等。丰富且独特的园路可以创造视觉趣味，增强空间的独特性和可识性

图1-2　园路的主要表现

提供休息和活动的空间

在景观小品周围、花间、水旁、树下等处，园路可扩展为广场，为游人提供活动和休息的空间，如图1-3所示。

组织排水

园路可以借助其路缘或边沟组织排水。一般园林绿地都高于路面，方能实现以地形排水为主的方式。园路汇集两侧绿地的径流之后，利用其纵向坡度即可按预定方向将雨水排走，如图1-4所示。

图1-3　提供活动和休息的空间

a）　　　　　　　　　　　　　　　b）

图1-4　组织排水

【新手必读】园路的造景意义

在园林平面规划中，园路是划分地形的一种要素。由于园路在地形构成上具有先决作用，因而园路的平面线形、路网的组合形状和园路竖向上的起伏变化等，都会对园林景观的全貌产生决定性影响。园路在园林造景中具有十分重要的意义。

园路本身所占的空间是一种线性的狭长空间

园路的穿插划分把园林其他空间划成了大小、形状不一的系列空间，使得园林中既有闭合空间，又有开敞空间；既有规则的矩形、圆形空间，又有自然的异形空间。这极大地丰富了园林空间的形象，增强了空间的艺术性表现，如图1-5所示。

园路是所有景区景点相互联系的主要纽带

园路是所有景区景点相互联系的主要纽带，园林中每一个景区和每一个景点都要由园路加以联系。正是由于园路对景区和景点的联系作用，才使所有景区和景点被组织成为园林景观整体，使园林中的景观能够形成一条条的景观序列，如图1-6所示。

图1-5　线性的狭长空间　　　　　　　　图1-6　园路纽带

组织游人在园林中的游览活动

园路中的主路和一部分次路被赋予明显的导游性，能够自然而然地引导游人按照预定路线有顺序地进行游览，这部分园路就成了导游线，如图1-7所示。当然，其他园路也都或多或少地具有导游性，没有导游性的园路是很少的。

图1-7　北京植物园导游图

园路可以成为重要的装饰景观

不同色彩、不同纹理图样和不同材质的路面处理能够把路面本身装饰得十分美观。在园路、广场的侧旁或中轴线上可以布置一些花境、花坛、水池、喷泉、雕塑甚至园亭等造景要素，使园路、广场的景观更加美丽动人，如图1-8所示。

图1-8　花园冰裂纹园路

【新手必读】园路的分类

从不同的方面考虑，园路有不同的分类方法，园路的分类如下。

一、园路根据用途分类

园景路

园景路是依山傍水或有着优美植物景观的游览性园林道路，其交通性不突出，但是却十分适宜游人漫步游览和赏景。如风景林的林道、滨水的林荫道、山石磴道、花径、竹径、草坪路、汀步路等，都属于园景路，如图1-9所示。

图1-9　园景路

通车园路

通车园路是以交通功能为主的园路，可以采用公路形式，如大型公园中的环湖公路、山地公园中的盘山公路和风景名胜区中的主干道等。园林公路的景观组成比较简单，其设计要求和工程造价都比较低，如图1-10所示。

a)   b)

图1-10 通车园路

绿化道路

绿化道路是主要分布在城市街区的道路，在某些公园规则地形局部，如在公园主要出入口的内外等，也偶尔采用这种园路形式。采用绿化道路的形式既能满足园路的交通功能，又能够满足游人散步游览和观赏园景的需要。绿化道路主要是由车行道、分车绿带和人行道绿带构成，如图1-11所示。根据车行道路面的条数和道旁绿带的条数，可以把绿化道路的设计形式分为：一板两带式、二板三带式、三板四带式和四板五带式等。

图1-11 绿化道路

二、园路根据重要性和级别分类

主要园路

主要园路是景园内的主要道路，从园林入口通向全园各处景区、广场、公共建筑、观景点、后勤管理区，形成全园骨架，组成导游的主干路线。主要园路一般宽7~8m，并能适应园内管理车辆的通行需求，如生产、救护、消防、游览车辆的通行，如图1-12所示。

次要园路

次要园路是主要园路的辅助道路，呈支架状，沟通各景区内的景点和建筑。路宽根据公园游人容量、流量、功能以及活动内容等因素而决定，一般

图1-12 主要园路

宽3~4m，车辆可单向通过，为园内提供生产管理和园务运输服务。次要园路的曲度大于主要园路的曲度，用优美舒展、富有弹性的曲线线条构成层次鲜明的风景画面，如图1-13所示。

游步道

游步道是园路系统的最末梢，是供游人休憩、散步和游览的通幽曲径，可通达园林的各个角落，是通向广场和园景的捷径。双人行走游步道宽 1.2～1.5m，单人行走游步道宽 0.6～1.0m，多选用简洁、粗犷、质朴的自然石材（片石、条板石、卵石等）、条砖层铺或用水泥仿塑各类仿生预制板块（含嵌草皮的空格板块），并采用材料组合以表现其光彩与质感，精心构图，结合园林植物小品的设计和起伏的地形，形成亲切自然、静谧幽深的自然游览步道，如图 1-14 所示。

图 1-13　次要园路

图 1-14　游步道

三、园路根据结构分类

路堑型园路

凡是园路的路面低于周围绿地，立道牙高于路面，起到阻挡绿地水土流失作用的园路都属于路堑型园路，如图 1-15 所示。

a）

b）

图 1-15　路堑型园路

路堤型园路

路堤型园路的路面高于两侧地面，平道牙靠近边缘处，道牙外有路肩，常利用明沟排水，路肩外有明沟和绿地加以过渡，如图1-16所示。

图1-16　路堤型园路

特殊型园路

特殊型园路包括步石、汀步、台阶、磴道等，如图1-17、图1-18所示。

图1-17　步石与汀步

图1-18　台阶与磴道

a) 自然石板的台阶　b) 裸岩凿成的台阶　c) 室外台阶及适宜尺寸　d) 磴道

四、园路根据铺装分类

整体路面

　　整体路面是在园林建设中应用最多的一类，是用水泥混凝土或沥青混凝土铺筑而成的路面。它具有强度高、耐压、耐磨、平整度好的特点，但不便维修，且一般观赏性较差。由于养护简单、便于清扫，因此多为大公园的主干道所采用。但它色彩多为灰色和黑色，在园林中使用不够理想，近年来已出现了彩色沥青路面和彩色水泥路面，如图1-19所示。

块料路面

　　块料路面是用大方砖、石板等各种天然块石或各种预制板铺装而成的路面，如木纹板路面、拉条水泥板路面、假卵石路面等。这种路面简朴、大方，特别是各种拉条路面，利用条纹方向变化产生的光影，加强了花纹的效果，不但有很高的装饰性，而且可以防滑和减少反光强度，并能铺装成形态各异的图案花纹，美观、舒适，同时也便于进行地下施工时拆补，因此在现代绿地中被广泛应用，如图1-20所示。

图1-19　整体路面

图1-20　块料路面

碎料路面

　　碎料路面是用各种碎石、瓦片、卵石及其他碎状材料组成的路面。这类路面铺装材料价廉，能铺成各种花纹，一般多用在游步道中，如图1-21所示。

简易路面

　　简易路面是由煤屑、三合土等构成的路面，多用于临时性或过渡性园路，如图1-22所示。

图1-21　碎料路面

图1-22　简易路面

五、园路根据路面的排水性能分类

透水性路面

透水性路面指下雨时，雨水能及时通过路面结构渗入地下，或者储存在路面材料的空隙中，减少地面积水的路面。其做法既有直接采用吸水性好的面层材料，也有将透水的材料干铺在透水性基层上，所用材料包括透水混凝土、透水沥青、透水性高分子材料以及各种粉粒材料路面、透水草皮路面和人工草皮路面等。这种路面可减轻排水系统的负担，保护地下水资源，有利于生态环境，但平整度、耐压性往往不足，养护量较大，主要用于游步道、停车场、广场等处，如图1-23所示。

图1-23 透水性路面

非透水性路面

非透水性路面指吸水率低，主要靠地表排水的路面。不透水的现浇混凝土路面、沥青路面、高分子材料路面以及各种在不透水基层上用砂浆铺贴砖、石、混凝土预制块等材料铺成的园路都属于此类。这种路面平整度和耐压性较好，整体铺装的可用作机动交通、人流量大的主要园路，块材铺筑的则多用于次要园路、游步道、广场等，如图1-24所示。

图1-24 非透水性路面

六、园路根据筑路形式分类

园路根据筑路形式分类，如图1-25所示。

图1-25 园路根据筑路形式分类

【新手必读】园路的材料

常见园路的材料分类及应用，见表1-1。

表1-1 常见园路的材料分类及应用

材料	应用路面	图片	应用场所
沥青	沥青路面		车道、人行道、停车场等
	透水性沥青路面		人行道、停车场等
	彩色沥青路面		人行道、广场等
混凝土	混凝土路面		车道、人行道、停车场、广场等
	水洗小石砾路面		园路、人行道、广场等

（续）

材料	应用路面	图片	应用场所
混凝土	卵石铺筑路面		园路、人行道、广场等
	混凝土板路面		人行道等
	彩板路面		人行道、广场等
	水磨平板路面		人行道、广场等
	仿石混凝土预制路面		人行道、广场等

（续）

材料	应用路面	图片	应用场所
混凝土	混凝土平板瓷砖铺砌路面		人行道、广场等
	镶嵌形砌块路面		干道、人行道、广场等
块砖	普通黏土砖块路面		人行道、广场等
	砖砌块路面		人行道、广场等
	澳大利亚砖砌块路面		人行道、广场等

（续）

材料	应用路面	图片	应用场所
花砖	釉面砖路面		人行道、广场等
	马赛克路面		人行道、广场等
	透水性花砖路面		人行道、广场等
天然石	小料石路面（骰石路面）		人行道、广场、池畔等
	铺石路面		人行道、广场等

（续）

材料	应用路面	图片	应用场所
天然石	天然石砌路面		人行道、广场等
砂砾	现浇环氧沥青塑料路面		人行道、广场等
	砂石路面		步行道、广场等
	碎石路面		停车场等
	石灰石粉路面		公园广场等

（续）

材料	应用路面	图片	应用场所
砂土	砂土路面		园路等
土	黏土路面		公园广场等
	改善土路面	——	园路、公园广场等
木	木砖路面		园路、游乐场等
	木地板路面		园路、露台等
	木屑路面		园路等

（续）

材料	应用路面	图片	应用场所
草皮	透水性草皮路面		停车场、广场等
合成树脂	人工草皮路面		露台、屋顶广场等
	弹性橡胶路面		露台、屋顶广场、过街天桥等
	合成树脂路面		运动场所

第二节
园桥工程基础知识

【新手必读】园桥的作用

园桥联系园林水体两岸上的道路

园桥可使园路不至于被水体阻断，由于它直接伸入水面，能够集中视线并自然地成为某些局部环境的一种标识点。因此，园桥能够起到导游作用，可作为导游点进行布置。低而平的长桥、栈桥还可以作为水面的过道和水面游览线，把游人引到水面上，拉近游人与水体的距离，如图1-26所示。

园桥与水中堤、岛一起将水面空间进行分隔

园林规划中常采用园桥与水中堤、岛一起将水面空间进行分隔，以增加水景的层次，增强水面形状的变化和对比，从而使水景效果更加丰富多彩。园桥对水面的分隔有它自己的独特之处，即：隔而不断，断中有连，又隔又连，虚实结合。这种分隔有利于使隔开的水面在空间上相互交融和渗透，增加景观的内涵和深度，创造迷人的园林意境，如图1-27所示。

图1-26 园桥联系水体两岸　　　　　　　　　　图1-27 园桥分隔水面空间

园桥本身有很多种艺术造型，是一种重要景物

在园林水景的组成中，园桥可以作为一种重要景物，与水面、桥头植物一起构成完整的水景形象。园桥本身也有很多种艺术造型，具有很强的观赏性，可以作为园林水景中的重要景点，如图1-28所示。

图1-28 园桥作为重要景物

【新手必读】园桥的造型

在规划设计中，可以根据具体环境的特点来灵活地选配具有各种造型的园桥。常见的园桥造型如下。

平桥

桥面平整，结构简单，平面形状为一字形，有木桥、石桥、钢筋混凝土桥等。桥边通常不做栏杆或只做矮护栏。桥体的主要结构部分是石梁、钢筋混凝土直梁或木梁，也常见直接用平整石板、钢筋混凝土板做桥面而不用直梁的平桥造型，如图1-29所示。

a)   b)

图 1-29 平桥

亭桥

在桥面较高的平桥或拱桥上，修建亭子，就叫做亭桥，如图1-30所示。亭桥是园林水景中常用的一种景物，它既是供游人观赏的景点，又是可停留其中向外观景的观赏点。

a)   b)

图 1-30 亭桥

拱桥

常见的拱桥有石拱桥和砖拱桥，也有少量钢筋混凝土拱桥。拱桥是园林中造景用桥的主要形式，如图1-31所示，其材料易得，价格便宜，施工方便。桥体的立面形象比较突出，造型可有很大变化，并且桥孔在水面的投影也十分好看。因此，拱桥在园林中应用极为广泛。

a)   b)

图 1-31 拱桥

栈桥和栈道

　　架长桥为道路是栈桥和栈道的根本特点。严格地讲，这两种园桥并没有本质上的区别，只是栈桥更多地是独立设置在水面上或地面上，如图1-32所示，而栈道则更多地依傍于山壁或岸壁。

图1-32　栈桥

平曲桥

　　平曲桥的基本情况和一般平桥相同，但桥的平面形状不为一字形，而是左右转折的折线形。根据转折数，可分为三曲桥、五曲桥、七曲桥、九曲桥等，如图1-33所示。桥面转折多为90°直角，但也可采用120°钝角，偶尔还可用150°转角。平曲桥桥面设计为低而平的效果最好。

a)　　　　　　　　　　　　　　　　b)

图1-33　平曲桥

廊桥

廊桥与亭桥相似，也是在平桥或平曲桥上修建景观建筑，但其建筑是采用长廊的形式，如图1-34所示。廊桥的造景形式和观景效果与亭桥相同。

a)   b)

图1-34　廊桥

吊桥

吊桥是以钢索为主要结构材料（在过去有用竹索或麻绳等材料的），将桥面悬吊在水面上的一种园桥形式。这类吊桥吊起桥面的方式又有两种，一种是全用钢索吊起桥面，并作为桥边扶手，如图1-35a所示；另一种是在上部用大直径钢管做成拱形支架，从拱形钢管上等距向地面垂下钢索，吊起桥面，如图1-35b所示。吊桥主要用在风景区的河面上或山沟上面。

a)   b)

图1-35　吊桥

浮桥

将桥面架在整齐排列的浮筒（或舟船）上，则构成浮桥，如图1-36所示。浮桥适用于水位常有涨落而又不便人为控制的水体中。

a）

b）

图 1-36　浮桥

汀步

汀步是一种没有桥面，只有桥墩的特殊的桥，也可说是一种特殊的路。是采用线状排列的步石、混凝土墩、砖墩或预制的汀步构件布置在浅水区、沼泽区、沙滩上或草坪上，形成的能够行走的通道，如图 1-37 所示。

【新手必读】园桥的结构形式

园桥的结构形式随其主要建造材料的不同而异。例如：钢筋混凝土园桥和木桥的结构常用板梁柱式，石桥常用悬臂梁式结构或拱券式

图 1-37　汀步

结构，吊桥常用悬索式结构，铁桥常采用桁架式结构等。桥体的结构形式如下。

板梁柱式结构

板梁柱式结构以桥柱或桥墩支撑桥体重量，以直梁按简支梁方式两端搭在桥柱上，桥梁上铺设桥板作为桥面，如图 1-38 所示。在桥孔跨度不大的情况下，也可不用桥梁，直接将桥板两端搭在桥墩上，铺成桥面。桥梁、桥面一般用钢筋混凝土预制或现浇，如果跨度较小，也可用石梁和石板。

悬臂梁式结构

悬臂梁式结构是桥梁从桥孔两端向中间悬挑伸出，在悬挑的梁头再盖上短梁或桥板，连成完整的桥孔的园桥结构，如图 1-39 所示。这种方式

图 1-38　板梁柱式结构

可以增大桥孔的跨度，以便于桥下行船。石桥和钢筋混凝土桥都可以采用悬臂梁式结构。

拱券式结构

拱券式结构指桥孔由砖石材料拱券而成，桥体重量通过拱券传递到桥墩的园桥结构，如图1-40所示。单孔桥的桥面一般也是拱形，基本上都属于拱桥。三孔以上的拱桥，其桥面多数做成平整的路面形式，也常有把桥顶做成半径很大的微拱形桥面的。

图1-39　悬臂梁式结构

图1-40　拱券式结构

悬索式结构

悬索式结构是一般吊桥的结构方式，以粗长的悬索固定在桥的两头，底面有若干根钢索排成一个平面，其上铺设桥板作为桥面；两侧各有一根至数根钢索从上到下竖向排列，并由许多下垂的钢索相互串联在一起，下垂钢索的下端吊起桥面的园桥结构，如图1-41所示。

桁架式结构

桁架式结构指用钢桁架作为桥体，桥体杆件多为受拉或受压的轴力构件，这种杆件取代了弯矩产生的条件，使构件的受力特性得以充分发挥。杆件的结点多为铰接。

图1-41　悬索式结构

【新手必读】栈道的类别和结构

一、栈道的类别

根据栈道路面的支撑方式和栈道的基本结构方式，栈道一般可分为立柱式栈道、斜撑式栈道和插梁式栈道三种。

立柱式栈道

立柱式栈道适宜建在坡度较大的斜坡地带，如图1-42所示。其基本承重构件是立柱和横梁，架设方式基本与板梁柱式结构的园桥相同，不同之处只是栈道的桥面更长。

斜撑式栈道

在坡度较大的陡坡地带，采用斜撑式栈道比较合适，如图1-43所示。这种栈道的横梁一端固定在陡坡坡面上或山壁的壁面上，另一端悬挑在外，梁头下面用一斜柱支撑，斜柱的柱脚也固定在坡面或壁面上，横梁之间铺设桥板作为栈道的路面。

插梁式栈道

在绝壁地带常采用这种栈道形式，如图1-44所示。其横梁的一端插入山壁上凿出的方形孔中并固定下来，另一端悬空，桥面板铺设在横梁上。

图1-42　立柱式栈道

图1-43　斜撑式栈道

图1-44　插梁式栈道

二、栈道的结构

1. 路面

栈道路面宽度的确定与栈道的类型有关，如图1-45所示。

2. 立柱与斜撑柱

立柱与斜撑柱，如图1-46所示。

3. 横梁

横梁，如图1-47所示。

4. 桥面

桥面可用石板或钢筋混凝土板铺筑，如图1-48所示。

5. 护栏

立柱式栈道和部分斜撑式栈道可以在路面外缘设立护栏。护栏最好用直径254mm以上的镀锌钢管焊接制成，还可做成石护栏或钢筋混凝土护栏。做石护栏或钢筋混凝土护栏时，如图1-49所示。

栈道路面宽度：
- 立柱式栈道路面设计宽度可为1.5~2.5m
- 斜撑式栈道路面宽度可为1.2~2.0m
- 插梁式栈道路面不宜太宽，0.9~1.8m较合适

图1-45　栈道路面宽度

立柱与斜撑柱：
- 立柱的截面尺寸可取（180mm×180mm）~（250mm×250mm）
- 立柱的柱高一般不超过柱径的15倍
- 斜撑柱的截面尺寸比立柱稍小，可取（150mm×150mm）~（200mm×200mm）
- 斜撑柱上端应预留筋头与横梁梁头相焊接，下端应插入陡坡坡面或山壁劈面
- 立柱和斜撑柱都用C20混凝土浇筑

图1-46　立柱与斜撑柱

横梁
- 横梁的长度应是栈道路面宽度的1.2~1.3倍，梁的一端应插入山壁或坡面的石孔并稳实地固定下来
- 插梁式栈道的横梁插入山壁部分的长度，应为梁长的1/4左右
- 横梁的截面为矩形，宽高的尺寸可为（120mm×180mm）~（180mm×250mm）
- 横梁用C20混凝土浇制，梁一端的下面应有预埋件与立柱和斜撑柱焊接

图 1-47　横梁

桥面可用石板或钢筋混凝土板铺筑
- 铺筑石板时，要求横梁间距比较小，一般不大于1.8m
- 石板厚度应在80mm以上
- 钢筋混凝土板可用预制空心板或实心板
- 空心板可按产品规格直接选用
- 实心钢筋混凝土板厚度常设计为
  - 6cm
  - 8cm
  - 10cm
- 混凝土强度等级可用C15~C20
- 栈道路面可以用1:2.5水泥砂浆抹面处理

图 1-48　桥面可用石板或钢筋混凝土板铺筑

做石护栏或钢筋混凝土护栏
- 望柱、栏板的高度可分别为
  - 900mm
  - 700mm
- 望柱截面尺寸可为
  - 120mm×120mm
  - 150mm×150mm
- 栏板厚度可为50mm

图 1-49　做石护栏或钢筋混凝土护栏

【新手必读】汀步的类别和结构

一、汀步的类别

汀步是用一些板块状材料按一定的间距铺筑成的连续路面，板块材料可称为步石。这种路面具有简易、铺筑灵活、造价低、适应性强的特点，且富有情趣，可作为永久性园路，也可作为临时性便道。按照步石平面形状特点和排列布置方式，可把汀步分为规则式汀步和自然式汀步两类。

1. 规则式汀步

规则式汀步步石形状规则整齐，并常常按规则整齐的形式铺装成园路。步石的宽度一般为400~500mm，步石与步石之间的净距宜为50~150mm。在同一条汀步路上，步石的宽度规格及排列间距都应当统一。常见的规则式汀步有以下三种。

墩式汀步

墩式汀步的步石呈正方形或长方形的矮柱状，排列成直线形或按一定半径排列成规则的弧线形。这种汀步稳实，宜设置在浅水中作为过道，如图1-50所示。

板式汀步

板式汀步是以预制的铺砌板规则整齐地铺筑成间断连续式园路，主要用于旱地，如设置在草坪上、泥

图 1-50　墩式汀步

地上、沙地上等，如图1-51所示。

荷叶汀步

荷叶汀步一般用在庭园水池中，步石面板形状为规则的圆形，属规则式汀步，但步石的排列却要排列为自然式，如图1-52所示。

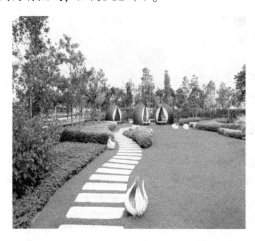

图 1-51　板式汀步

图 1-52　荷叶汀步

2. 自然式汀步

自然式汀步的步石形状不规则，常为某种自然物的形状。步石的形状、大小可以不一致，设置与排列方式不能规则整齐，要自然错落地布置。步石之间的净距也可以不统一，可在 50 ~ 200mm 范围内变动。常见的自然式汀步主要有以下两种。

自然山石汀步

选顶面较平整的片状自然山石，宽度为 300 ~ 600mm，按照左右错落、自然曲折的方式布置成汀步园路。在草坪上，步石的下部 1/3 ~ 1/2 应埋入土中。在浅水区中，步石下部应稍浸入水中，底部一定要用石片刹垫稳实，并用水泥砂浆与基座山石结合牢固，如图1-53所示。

仿树桩汀步

仿树桩汀步的步石被塑造成顶面平整的树桩形状，树桩按自然式排列，有大有小，有宽有窄，有聚有散，错落有致。将其设置在草坡和草坪上尤其能与环境协调，也可以设置在水池中，但与环境的协调性不及在草坡和草坪上，如图1-54所示。

图 1-53　自然山石汀步

图 1-54　仿树桩汀步

二、汀步的结构

板式汀步

板式汀步的铺砌板平面形状可以是正方形、长方形、圆形、梯形、三角形等。梯形和三角形铺砌板主要用来相互组合，组成板面形状有变化的规则式汀步路面。铺砌板宽度和长度可根据设计确定，其厚度常设计为 80~120mm。板面可以用彩色水磨石来装饰，不同颜色的彩色水磨石铺路板能够铺装成美观的彩色路面，如图 1-55 所示。

图 1-55　板式汀步

荷叶汀步

荷叶汀步的步石由圆形面板、支撑墩（柱）和基础三部分组成。圆形面板应设计 2~4 种尺寸规格，如直径为 450mm、600mm、750mm、900mm 等尺寸。采用 C20 细石混凝土预制面板，面板顶面可仿荷叶进行抹面装饰。抹面材料用白色水泥加绿色颜料调成浅果绿色，再加绿色细石子，按水磨石工艺抹面。抹面前要先用铜条嵌成荷叶叶脉状，抹面完成后一并磨平。为了防滑，顶面一定不能磨得太光。荷叶汀步的支柱可用混凝土柱，也可用石柱，其设计按一般矮柱处理。基础要牢固，至少应埋深 300mm，其底面直径不得小于汀步面板直径的 2/3，如图 1-56 所示。

仿树桩汀步

仿树桩汀步用水泥砂浆砌砖石做成树桩的基本形状，表面再用 1:2.5 或 1:3 的有色水泥砂浆抹面并塑造树根与树皮形象。树桩顶面仿锯截状做成平整面，用仿本色的水泥砂浆抹面。待抹面层稍硬时，再用刻刀刻划出圈圈年轮环纹，清扫干净后再调制深褐色水泥砂浆抹进刻纹中。待抹面层完全硬化之后，打磨平整，使年轮环纹显现出来，如图 1-57 所示。

图 1-56　荷叶汀步

图 1-57　仿树桩汀步

第三节
广场工程基础知识

【新手必读】园林广场的分类

从某种意义上讲，园林广场就是园路的放大部分。园林广场的实用功能不同，其形式也相应不同，根据不同的分类方法可将园林广场分为不同的类型。

一、按广场的性质分类

交通集散广场

交通集散广场的主要功能是组织和分散人流，如公园的出入口广场，如图1-58所示。首先应处理好停车、售票、值班、入园、出园、候车等功能的相互关系，以便集散安全迅速；其次，在园林景观构图上，应使其造型具有园林风貌，富有艺术感染力，以吸引游人。

图1-58　公园的出入口广场

a）入口场地在门外　b）入口场地在道路转弯处　c）场地在门内

d）门内外都在场地　e）庭院式入口场地

游憩活动广场

游憩活动广场在园林中经常运用，它可以是草坪、疏林及各式铺装场地，外形轮廓为几何形或塑性曲线，也可以与花坛、水池、喷泉、雕塑、亭廊等园林小品组合而成，如图1-59所示，主要供游人游览、休息、游戏、集体活动等使用。国外一些园林中的儿童游戏场地亦有用塑胶铺装材料的。因此，可根据不同的活动内容和要求，使游憩活动广场做到美观、适用、各具特色。若供集体活动，其广场宜布置在开阔、阳光充足、风景优美的草坪上；若供游人游憩之用，则宜布置在有景观可借的地方，并可结合一些园林小品供游人休息、观赏。

图 1-59　游憩活动广场
a）用亭廊、花架、水池等组织成为休息活动场地
b）在疏林里铺装平整的地面，布置一些休闲椅，作为休息活动场地
c）利用地面高差组织成几个大小不同、各有特色又互不干扰的休息活动场地
d）利用树丛、山石、园墙等分隔成若干较小的空间，供人们休息、看书、谈心

生产管理广场

　　生产管理广场主要供园务管理、生产的需要之用，如晒场、堆场、停车场等。它的布局应与园务管理专用出入口、苗圃等有较方便的联系。

二、按广场的主要功能分类

园景广场

　　园景广场是将园林立面景观集中汇聚、展示在一处，并突出表现宽广的园林地面景观（如装饰地面、花坛群、水景池等）的一类园林广场。园林中常见的门景广场、纪念广场、中心花园广场、音乐广场等都属于园景广场。一方面，园景广场在园林内部留出一片开敞空间，增强了空间的艺术表现力；另一方面，它可以作为季节性的大型花卉园艺展览或盆景艺术展览等活动的展出场地；此外，它还可以作为节假日大规模人群集会活动的场所，从而发挥更大的社会效益和环境效益，如图 1-60 所示。

图 1-60　花坛群

休闲娱乐场地

休闲娱乐场地具有明确的休闲娱乐性质，在现代公共园林中是很常见的一类场地。如设在园林中的旱冰场、射击场、滑雪场、跑马场、高尔夫球场、赛车场、游憩草坪、露天茶园、露天舞场、垂钓区以及附属于游泳池边的场地等都是休闲场地，如图1-61所示。

集散场地

集散场地多设在主体性建筑前后、主路路口、园林出入口等人流频繁的重要地点，以人流集散为主要功能。这类场地一般面积都不很大，除园林主要出入口的场地以外，在设计中按附属性场地设置即可，如图1-62所示。

图 1-61　滑雪场

图 1-62　集散场地

停车场和回车场

停车场和回车场主要指设在公共园林内外的汽车停放场、自行车停放场和扩宽一些路口形成的回车场地。停车场多布置在园林出入口内外，回车场则一般在园林内部适当地点灵活设置，如图1-63所示。

其他场地

其他场地指附属于公共园林内外的场地，如旅游区小商品市场、花木盆栽场、餐厅杂物院、园林机具停放场等，其功能不一，形式各异，在规划设计中应分别对待，如图1-64所示。

图 1-63　停车场和回车场

图 1-64　旅游区小商品市场

三、按园林广场的平面组合分类

规则型广场

规则型广场包括方形广场（正方形、长方形）、梯形广场、圆形广场（椭圆形、半圆形）等。规则型广场，一般多是经过有意识的人为设计而建造的。广场的形状比较对称，有明显的纵横轴线，给人们一种整齐、庄重及理性的感觉。有些规则的几何形广场具有一定的方向性和引导性，利用纵横线强调主次关系和轴线的收尾来形成广场的方向性。也有一些广场通过重要建筑及构筑物的朝向来引导其方向，如图1-65所示。

图1-65 规则型广场

不规则型广场

不规则型广场，有些是由广场基地现状（如道路或水系的限定、地形高差变化等）、周围建筑布局、设计观念等方面的需要而形成的；也有少数是由岁月的历练自然形成的，是人们对生活的需求和行为活动的长期性演变发展而成的，不规则型广场的形态多按照建筑物的边界而确定，如图1-66所示。

图1-66 不规则型广场

复合型广场

复合型广场是以数个单一形态的广场组合而成，这种空间序列组合方法是运用对比、重复、过渡、转折、衔接等一系列美学手法，把数个单一形态广场组织成为一个有序、变化、统一的整体，主要有：有序的复合型广场与无序的复合型广场两种。这种组织形式可以为园林广场提供更多的功能合理性、空间多样性、景观连续性和心理期待性。在复合广场一系列的空间组合中，应有多重空间的变化交错，如起伏、抑扬、转折等，设置节点并加以烘托和渲染，

图1-67 复合型广场

使节点空间在其他次要空间的衬托下，得以突出，使其成为控制全局的高潮，也使广场的个性更加鲜明，如图1-67所示。

四、按园林广场的剖面形式分类

平面型广场

平面型广场比较常见。这类广场在剖面形式上没有太多的变化，接近水平地面，并与城市的主要交通干道联系。交通组织方便快捷，造价低廉，技术含量低，缺乏层次感和特色景观环境，如图1-68所示。

图1-68　平面型广场

立体型广场

立体型广场是广场在垂直维度上的高差与城市道路网格之间所形成的立体空间。立体型广场是给喧闹的城市提供了一个安静、围合并极具归属感的安全空间，点线面结合使空间层次更为丰富。立体型广场可分为上升广场和下沉广场。

（1）上升广场　将车行道放在较低层面上，将非机动车和人行道放在地下，实行人车分流，如图1-69a所示。

（2）下沉广场　下沉广场是小城镇休闲广场的一种设计手法，下沉广场是孕育于主广场（休闲广场）中的子广场。因此，其母体——主广场应当是尺度很大、视野十分开阔的大广场，为了打破空间的空旷感和视觉的单一感，设计师巧妙运用垂直高差的手法分隔空间，以取得空间和视觉效果的变化。下沉广场不宜设计成尽端式的孤立子空间，它应当与邻近地下空间串联融合，成为整个空间序列中的重要组成部分，如图1-69b所示。

a）

b）

图1-69　立体型广场
a）上升广场　b）下沉广场

五、按园林广场空间结构分类

放射型广场

放射型广场是指广场整体空间采用以中心主体为核心，组织各次要、从属空间围绕其布置的一种组织方式。这种方式多用于基地长宽比较小的广场之中，这样的组织有助于突出广场的艺术主题和形象，对于形成广场统一、整体的形象是十分有益的。

放射型的组织方式要注意主体空间中心的设计，这个中心应当有好的形式感和构思，一般来说主体空间在体量上要居于广场的主导地位，可以采用上升或下降的方式对中心空间进行突出；四周次要空间的组织应多元化，既要与中心相呼应，又要形成自己的特点，次要空间要以为中心服务为目的的，并为人们的活动提供多样化的选择，使整个空间丰富而有层次感，使广场的空间形象更加饱满，如图1-70所示。

轴线型广场

　　轴线型广场是广场空间结构中较为常
见的类型。广场处于城市实体环境的包围
之中，与实体环境取得联系的最简便的方
式就是轴线。广场的多层次、多元素的特
点，也是轴线组织方式经常被使用的原因。
轴线可以将多个不同的次空间组成一个有
纵深的序列，使复杂多样的元素变得井然
有序。

图1-70　放射型广场

　　轴线的组织可以使人对广场的空间产
生良好的方向感，而当基地长宽比较大时，轴线型的处理可以让广场整体分解成尺度适中的次
要空间。轴线组织的方式是多样化的，可以单轴线，也可以多轴线，如图1-71所示。

自由线型广场

　　自由线型广场即广场的空间布局采用自由线型的形式。这种组织方式多用于一些基地长宽
比较大的环境，可以使广场形成一组连续的景观，使广场景观连续多变，如图1-72所示。

图1-71　轴线型广场

图1-72　自由线型广场

散点型广场

　　散点型广场是指广场的次要空间以一种散点的方式布置，各空间之间的联系依照其具体的位置
而定，这种布局方式多用于不规则的地块上，或地形变化较大的环境中，不太强调广场的主体景观
和空间，而较侧重于个体空间的塑造、子空间的相互辉映，并以此形成整体性的艺术主题。

复合型广场

　　在实际的设计过程中，复合型广场的
空间结构往往呈现多元复合的形态。特别
是对于面积较大的广场，往往是一种方式
为主，兼顾其他组合方式。这种布局可以
将面积较大的广场空间划分成尺度比较合
宜的小空间，既保持整体空间的统一感，
又不至于使空间由于尺度不当而缺乏吸引
力，如图1-73所示。

图1-73　复合型广场

【新手必读】园林广场的作用

园林广场是一种人工建造的空间环境，这种空间环境必然要满足人们一定的使用功能需求和精神方面的需求。所以，园林广场就自然地具有了实用的属性和艺术美的属性。

广场是游人在园林中的主要活动空间

广场作为游人的活动空间，是不能缺少的。如果片面强调要保证最大面积的绿化用地，而使广场面积不足的话，园林的综合功能就会失去平衡。广场是为人们提供集会、交通集散、游览休憩、商业服务及文化宣传等活动的空间；是城市居民社会生活的中心；广场的设施和绿化集中地表现了城市空间环境面貌，如图1-74、图1-75所示。

图1-74 天安门广场

图1-75 巴黎卢浮宫广场

广场的地面可以成为重要装饰景观

不同色彩、不同纹理图样和不同材质的广场铺装本身十分美观。在广场的侧旁或中轴线上可以布置一些花境、花坛、水池、喷泉、雕塑以及园亭等景物，可以使广场景观更加美丽动人，如图1-76、图1-77所示。可见，广场本身在造景上也有重大的意义。

图1-76 大连星海广场

图1-77 巴黎协和广场

第四节
铺装工程基础知识

【新手必读】铺装的定义

铺装是指在园林环境中运用自然或人工的铺地材料，按照一定的方式铺筑于地面形成的地表形式。作为园林景观的一个有机组成部分，园林铺装主要通过对园路、空地、广场等进行不同形式的图案、材料、色彩的组合，使其贯穿游人游览过程的始终，在营造空间的整体形象上具有极为重要的影响。

设有铺装的园林道路，在园林环境中不仅具有分割空间和组织路线的作用，而且为人们提供了良好的休息和活动场所，同时还创造出了优美的地面景观，给人以美的享受，增强了园林艺术的效果。

【新手必读】铺装的分类

园景广场

园景广场是指将园林中的景观集中汇集、展示在一处，并突出表现宽广的园林地面景观的一类园林铺装场地。园景广场在园林内部留出一片开敞空间，不仅增强了空间的艺术表现力，而且可以作为季节性的大型花卉园艺展览或盆景艺术展览等活动的展出场地，也可以作为节假日大规模人群集会活动的场所，如园林中常见的纪念广场、音乐广场、中心花园广场、门景广场等，如图1-78所示。

图 1-78　韶山毛泽东广场

集散广场

集散广场多设在主体性建筑前后、主路路口、园林出入口等人流出入频繁的重要地点，以人流集散为主要功能。其表现形式主要为园林出入口广场和建筑附属铺装场地等。

停车场和回车场

停车场和回车场主要指设在公共园林内外的汽车停放场、自行车停放场和扩宽路口形成的回车场。停车场多设置在园林入口内外，而回车场则设在园林内部适当地点。

其他铺装地

其他铺装地指附属于公共园林内外的场地，如旅游小商品市场、游乐休闲铺装露台等。

【新手必读】铺装的作用

统一背景

铺装地面有统一协调背景的作用。铺装地面的这一作用，是利用其充当与其他设计要素和空间相关联的公共因素来实现的。即使在设计中其他因素在尺度和特性上有着很大的差异，但在总体布局中因处于共同的铺装背景中，相互之间便连接成一个整体。在景观中，铺装地面还可以为其他引人注目的景物作中性背景。在这一作用中，铺装地面被看做是一张空白的桌面或一张白纸，为其他焦点物的布局和安置提供基础，作为这些因素的背景，如图1-79所示。

单独的元素缺少联系

a）

独特的铺装地面作为普通背景统一了单独元素

b）

c）

图1-79 铺装统一背景的作用

引导和暗示

　　铺装能提供方向性，引导视线从一个目标移向另一个目标，铺装的不同材料及在不同空间的变化，能在室外空间里表示出不同的用途和功能。因此，改变铺装材料的色彩、质地或铺装材料本身的组合，空间的用途和活动的区别也可由此而得到明确，如图1-80所示。

在景观中铺装道路可用于引导视线和提供游览方向
a）

在城市环境中，奇特的铺装图案能直接引导游人通向临近空间
b）

图1-80　具有引导和暗示的铺装地面

轻松悠闲　　　　　拘谨严肃　　　　　紧张急促

铺装的线形能影响游览的情绪
c）

宽广：行走悠闲缓慢

狭窄：行走急促快速

游览的速度和特性受铺装路面宽窄的影响
d）

危险区

人行横道

在街道和步行道用铺装的变化来提醒人们注意
e）

图 1-80　具有引导和暗示的铺装地面（续）

提供活动和休憩的场所

游人在园林中的主要活动空间，就是园路和各种铺装场地。园林中硬质地面的比例控制，规划时应按照相关因素给予确定。大型的活动场地需要一定面积的铺装地支持。铺装地面以相对较大且无方向性的形式出现，暗示着一个静态停留感，无形中创造出一个休憩场所，如图1-81所示。

当铺装面近似相对平衡而无方向性时，能提供人们休息的场所

a）

b）

图1-81 铺装提供活动与休息场所

对空间比例产生一定的影响

在外部空间中，铺装地面的另一功能是影响空间的比例，每一块铺装材料的大小，以及铺砌形状的大小和间距都会对空间的视觉比例产生影响。形状较大、较舒展的铺装会使空间产生宽敞的尺度感，而形状较小、较紧缩的铺装，则使空间具有压缩感和亲密感，如图1-82所示。

铺装图案使人感到尺度大　铺装图案使人感到尺度小　　空旷的铺装无尺度感　　　铺装图案提供尺度感

a)　　　　　　　　　　　　　　　　　　　　　　　　　b)

c)

图 1-82　铺装对空间比例的影响

a) 铺装的形式影响着室外空间的尺度　b) 铺装图案影响室外空间的比例　c) 铺装实景

构成空间个性，创造视觉趣味

铺装地面具有构成和增强空间个性的作用。不同的铺装材料和图案造型，都能构成和增强空间个性，产生不同的空间感，就特殊的材料而言，方砖能赋予空间以温暖亲切感，有角度的石板会形成轻松自如、不拘谨的气氛，如图 1-83 所示。

【新手必读】各种铺装样式

一、砖石铺装

1. 传统砖石路面

园林铺地多用青砖，风格朴素淡雅，施工简便，可以拼凑成各种图案，如图 1-84 所示。传统砖石路面适用于庭院和古建筑物附近。因其耐磨性差，容易吸水，适用于冰冻不严重和排水良好之处；坡度较大和阴湿地段不宜采用，因其易生青苔而行走不便。

图 1-83　铺装构成空间个性

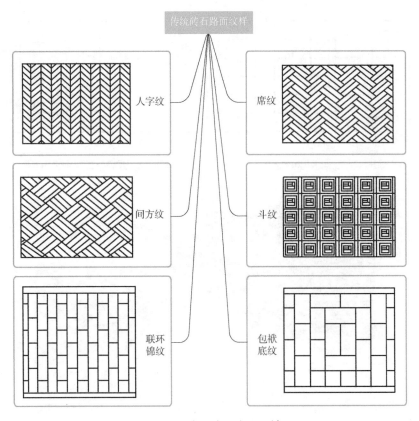

图 1-84　传统砖石路面纹样

2. 冰纹路面

冰纹路面是用边缘挺括的石板模仿冰裂纹样铺筑的地面，石板间接缝呈不规则折线，用水泥砂浆勾缝。多为平缝和凹缝，以凹缝为佳。也可不勾缝，便于草皮长出形成冰裂纹嵌草路面，如图 1-85 所示。还可做成水泥仿冰纹路面，即在现浇混凝土路面初凝时，模印冰裂纹图案，表面拉毛，效果也较好。冰纹路面适用于池畔、山谷、草地、林中的游步道。

图 1-85　冰纹路面

3. 机制石板路面

机制石板路面选用深紫色、深灰色、灰绿色、褐红色、酱红色等颜色的块石，用机械磨砌成面积为 15cm×15cm、厚为 10cm 以上的石板，表面平坦而粗糙，铺筑成各种纹样或色块，既耐磨又美丽。

二、花街铺装

花街铺装是我国古典园林的特色做法。以砖瓦为骨，以石为填心，用规整的砖和不规则的石板、卵石以及碎砖、碎瓦、碎瓷片、碎缸片等废料相结合，组成精美图案。这种铺装形式情趣自然，格调高雅，善用不同色彩和质感的材料营造氛围，或亲近自然，或幽静深邃，或平和安详，能很好地烘托中国古典园林自然山水园的特点。花街铺装图案纹样丰富多样，如图 1-86 所示。

图 1-86　花街铺装图案纹样

三、石铺装

1. 卵石铺装

卵石铺装是采用天然块石大小相间铺筑而成的路面，采用水泥砂浆勾缝。卵石铺装应用在不常走的路上，主要用以游人锻炼身体，同时要用大小卵石间隔铺成为宜。这种路面耐磨性好、防滑，具有粗犷、朴素的自然之感，可起到增加景区特色、深化意境的作用。卵石铺装还可铺成各种图案，如图1-87所示。

2. 乱石铺装

乱石铺装即用小乱石砌成石榴子形，比较坚实雅致。路的曲折高低，从山上到谷口都宜用这种方法，如图1-88所示。

图1-87　卵石铺装

图1-88　乱石铺装

3. 砖卵石铺装

砖卵石铺装被誉为"石子画"，它是选用精雕的砖、细磨的瓦和经过严格挑选的各色卵石拼凑成的路面，图案内容丰富，有以寓言为题材的图案，也有花、鸟、鱼、虫等图案，如图1-89所示。

四、块料铺装

块料铺装指用大方砖、石板或预制成各种纹样和图案的混凝土板铺筑而成的路面，如木纹混凝土板、拉条混凝土板、假卵石混凝土板等，花样繁多，不

图1-89　砖卵石铺装

胜枚举，如图1-90、图1-91所示，这类铺装简朴大方，能减弱路面反光强度，美观舒适。

图 1-90　块料铺装的光影效果

图 1-91　块料铺装的分类

五、嵌草铺装

嵌草铺装是把不等边的石板或混凝土板铺筑成冰裂纹或其他纹样，铺筑时在块料预留 3 ~ 5cm 的缝隙，填入培养土，用来种草或其他地被植物。常见的有梅花形混凝土板嵌草路面、木纹混凝土板嵌草路面、冰裂纹嵌草路面、花岗石板嵌草路面等，如图 1-92 所示。

图 1-92　嵌草铺装

六、整体铺装

整体铺装是用水泥混凝土或沥青混凝土铺筑成的路面，其平整度好，路面耐压、耐磨，养护简单，便于清扫，所以多为大型公园的主干道使用，但由于色彩多为灰、黑色，在园林中使用不够理想。近年来在国外有铺筑彩色沥青路和彩色水泥路的实例，效果较好。

七、步石、汀石、磴道

步石是在自然式草地或建筑附近的小块绿地上，用一至数块天然石或预制成圆形、树桩形、木纹板形等铺装材料，自由组合于草地之中的铺装形式。一般步石的数量不宜过多，块体不宜过小。这种步石易与自然环境协调，取得轻松活泼的效果，如图 1-93 所示。

　　二三联组合置石　　　　　三四联组合置石　　　　　蛇行置石　　　　　千鸟翔置石

图 1-93　步石布置形式

自然随形置石　　　　S形自然置石　　　方形料石组合置石　　　六角料石组合置石

条料石置石　　　　平料条石置石　　　平料异形组合置石　　　料石、砂砾步石路

多种料石组合的装饰性步石路　　装饰性单行步石路　　几体形置石　　　圆形组合置石

图 1-93　步石布置形式（续）

　　汀步是在水中设置的步石，如图 1-94 所示，适用于窄而浅的水面，石墩不宜过小，距离不宜过大，数量不宜过多，以保障游人安全。

a）　　　　　　　　　　　　　b）

图 1-94　汀步
a）块石汀步　b）荷叶汀步

【新手必读】铺装材料分类

铺装材料是景观铺装的基础，材料形状不同、色彩不同、质地不同、纹理不同，各自物理、化学性能、使用性能也不同。材料彼此间性能的差异奠定了材料的多样性，也形成了景观铺装艺术丰富的基础。合理选材，合理使用，合理构造，充分发挥其性能，美观实用，健康环保，则是构筑理想景观铺地的重心。

铺装材料按形成不同可分为天然材料和人工材料两大类，见表1-2。铺装材料按化学成分又可分石料、木材和金属等小类，见表1-3。不论是天然材料，还是人工材料，其性质都因材而异，各不相同。正是由于材料各自的特性，才构成了景观铺装的多样性，进而构成了建筑装饰环境艺术空间的多彩性。

表1-2 铺装材料按形成分类

天然材料	石料	天然青石、天然大理石、天然花岗石等	抗压强度高，耐磨，耐腐，非燃，质感冷，有自然纹理
	木材	松木、杉木、楠木等	抗压强度高，不耐磨，不耐腐，易燃，质感暖，有自然纹理
	金属	金、银、铜、铁等	抗压强度高，不耐磨，不耐腐，难燃，质感冷
人工材料	石材	人造大理石、人造花岗石等	
	木材	人造板材、层板材、刨花板材等	
	金属	不锈钢及合金类等	
	其他	玻璃、陶瓷、玻璃钢等	如玻璃：抗压强度高，耐磨，耐腐，难燃，质感冷，透光，易碎，质脆

表1-3 铺装材料按化学成分类

金属材料		黑色金属：钢、铁	
		有色金属：铝及铝合金、铜及铜合金等	
无机材料	非金属材料	天然石材：毛石、石板材、碎石、卵石、砂等	
		烧结与熔融制品：烧结砖、陶瓷、玻璃、岩棉等	
		胶凝材料	水硬性胶凝材料：各种水泥
			气硬性胶凝材料：石灰，石膏，水玻璃，菱苦土等
		混凝土及砂浆	
		硅酸盐制品	
有机材料	植物材料：木材、竹材及其制品		
	合成高分子材料：塑料、橡胶、涂料，胶结剂、密封材料等		
	沥青材料：石油沥青、煤沥青及其制品		
复合材料	无机材料基复合材料	钢筋混凝土、纤维混凝土等	
	有机材料基复合材料	沥青混凝土、树脂混凝土、玻璃纤维增强塑料	
		胶合板、竹胶板、纤维板	

【新手必读】常用材料应用

一、砖石材料

砖石材料是景观铺地与园桥工程中最重要的材料之一，主要用于面层、基础、墩台等的铺筑。

1. 天然石材

天然石材是指凡由天然岩石开采，经过加工或未经过加工的石材。其具有较高的抗压强度、耐磨性、抗风化能力及较好的装饰性，资源分布广，便于就地取材，因此在铺地工程中仍被广泛应用。天然岩石按其形成条件可分为岩浆岩、沉积岩及变质岩三大类，常用的岩浆岩、沉积岩和变质岩实例及特点如下。

常用的岩浆岩

花岗石是岩浆岩中分布最广的一种岩石，具有致密的结晶结构和块状构造。花岗石的颜色有白色、微黄、淡红几种，具有吸水率低、抗压强度高、表观密度大、耐磨性能及耐风化性能好等特点，如图1-95所示。花岗石在建筑中可用于基础、台阶、勒脚、柱子、踏步、地面等。花岗石经磨光后，色泽美观，属于高档次装饰材料。破碎后可作为混凝土骨料。另外还有辉长石、玄武石、火山灰、浮石和火山凝灰石等。

常用的沉积岩

石灰石又称为灰石或青石，其颜色随杂质的不同而异，常呈白色、灰色、浅红色等颜色。主要用于基础、墙体、桥墩、路面，还可以作为混凝土骨料及生产水泥、石灰的原料，如图1-96所示。砂岩是由石英砂粒经天然胶结物胶结而成，根据其胶结物的不同可分为硅质砂岩、钙质砂岩、铁质砂岩及黏土质砂岩等。硅质砂岩坚硬、耐久，可用于基础、墙体、踏步、人行道等，也可作为混凝土骨料及装饰材料。

图1-95　花岗石地砖

图1-96　石灰石骨料

常用的变质岩

大理石是由石灰岩和白云岩变质而成的岩石。纯大理石为雪白色，因含杂质不同而呈黑、红、黄等不同颜色。大理石质地致密，硬度较小，易于加工和开光，但不耐酸，用于室外时易风化。因此，常用于室内的地面、墙面、柱面、栏杆、踏步等，属于高档次装饰材料。石英石是硅质砂岩变质而成的岩石，结构致密，强度高，硬度大，难加工，耐酸及耐久性好，可用于基础、栏杆、踏步、纪念性建筑物的饰面及耐酸工程等，如图1-97所示。

图 1-97　常用的变质岩
a）大理石　b）石英石

2. 石材的加工类型

石材的加工类型如图 1-98 所示。

	毛石	由爆破直接得到的形状不规则的石块。按其表面的平整程度可分为
		乱毛石：是形状不规则的毛石
		平毛石：是乱毛石略经加工而得到的，大致有两个平行面
		常用来砌筑基础、勒脚、墙身、挡土墙、堤岸及护坡等

（图 1-98 内容：）

石材的加工类型

毛石
- 由爆破直接得到的形状不规则的石块。按其表面的平整程度可分为
  - 乱毛石：是形状不规则的毛石
  - 平毛石：是乱毛石略经加工而得到的，大致有两个平行面
- 常用来砌筑基础、勒脚、墙身、挡土墙、堤岸及护坡等

料石（条石）
- 人工或机械开采出的较规则并略加凿琢而成的六面体石块。多用致密的砂石、石灰石、花岗石等开采凿制。按其加工的平整程度可分为
  - 毛料石
  - 粗料石
  - 半细料石
  - 细料石
- 粗料石主要用于砌筑建筑物的基础、勒脚、墙体等；半细料石及细料石主要用作镶面材料或铺路石

板材
- 用致密的岩石凿平或锯成的一定厚度的岩石板材。一般用作装饰饰面，常用大理石或花岗石加工而成。饰面板材要求耐磨性及耐久性好，无裂缝和水纹，色彩丰富，外表美观。板材的规格可分为
  - 斧剁板材
  - 机刨板材
  - 粗磨板材
  - 磨光板材
- 主要用于室内外的墙体粘贴、地面铺砌

颗粒状石料
- 碎石主要用于配制混凝土以及作为道路及基础垫层、铁路路基、庭院和室内水景用石
- 卵石用途同碎石，也可作为装饰混凝土的骨料
- 石渣是大理石和花岗石的碎料经加工而成的，可作为人造大理石、斩假石、水刷石、水磨石的骨料，还可用于制作干黏石制品

图 1-98　石材的加工类型

3. 人造石材

人造石材是用天然岩石或工业废渣为原料，加入一些助剂或胶凝材料，经工艺处理合成的代替天然石材的材料。由于人造石材可以人为地控制性能、形状及图案等，因此得到广泛应用。建筑工程中常用的有铸石和合成石材两类，如图1-99所示。

图 1-99 建筑工程中常用的人造石材

常用人造合成石有人造大理石和水磨石两种，如图1-100所示。

图 1-100 常用人造合成石

4. 砌墙砖

砌墙砖是指以黏土、工业废渣和地方性材料为主要原料，以不同的生产工艺制成的，在建筑中用于砌筑墙体的砖。常见的砌墙砖如图1-101所示。

图 1-101　常见的砌墙砖

5. 建筑砌块

建筑砌块是指用于砌筑的人造块材，其尺寸大于砌墙砖，一般为直角六面体。建筑砌块高度一般不大于长度或宽度的6倍，长度不超过高度的3倍。根据需要也可以生产异形砌块。

建筑砌块是一种新型的墙体材料，它可以充分利用地方性资源及工业废渣，并可以节省黏土和改善环境。其生产工艺简单，原料来源广，施工效率高，可以改善墙体功能，因此发展较快。建筑砌块分类方法很多，如图1-102所示。

图 1-102　建筑砌块的分类方法

常见的建筑砌块如下。

蒸压加气混凝土砌块

蒸压加气混凝土砌块指以钙质材料（水泥、石灰等）和硅质材料（砂、矿渣、粉煤灰等）为原料，掺入加气剂，经蒸压养护等工艺制成的混凝土砌块，如图1-103所示。

粉煤灰砌块

粉煤灰砌块以粉煤灰、石灰、石膏、骨料等为原料，按一定比例配料，加水搅拌、振动成型、蒸汽养护制成。其主要规格尺寸有 880mm×380mm×240mm 和 880mm×420mm× 240mm 两种。该砌块可用于一般工业与民用建筑的墙体与基础，但不能用于长期受高温

图1-103 蒸压加气混凝土砌块

和潮湿的承重墙体，也不宜用于有酸性介质侵蚀的建筑部位，如图1-104所示。

混凝土小型空心砌块

混凝土小型空心砌块指以水泥、普通砂、石为原料，按一定比例配合，经搅拌、成型、养护而成的砌块，分为承重砌块和非承重砌块两类。有时非承重砌块用炉渣或其他轻质骨料配制，以减轻自重，如图1-105所示。

图1-104 粉煤灰砌块

图1-105 混凝土小型空心砌块

二、胶凝材料

铺地工程中用来将散粒材料（如砂和石子）或块状材料（如砖和石块）黏结成为整体的材料称为胶凝材料（或胶结材料）。按其化学组成一般可分为如图1-106所示两大类。

水泥泛指加水拌和后成塑性浆体，能胶结砂、石等材料并能在空气和水中硬化的粉状无机水硬性胶凝材料。水泥是建筑工程所用的基本材料，按其主要水硬性物质名称可分为硅酸盐水泥、铝酸盐水泥、硫铝酸盐水泥、铁铝酸盐水泥和氟铝酸盐水泥等；按其用途及性能可分为通用

```
有机胶凝材料：常见的有机胶凝材料
                    ├── 石油沥青
                    ├── 煤沥青
                    └── 各种天然和合成树脂等

无机胶凝材料：按照硬化所需条件又可分为
                    ├── 气硬性胶凝材料
                    │    只能在空气中硬化，也只能在空气中保持和继续发展其强度，如石灰、
                    │    石膏、水玻璃等。一般只适用于地上或干燥环境，不宜用于潮湿环境，
                    │    更不能用于水中
                    └── 水硬性胶凝材料
                         不仅能在空气中而且能更好地在水中硬化，并保持和继续发展其强度，
                         如各种硅酸盐水泥，既能用于地上，也能用于地下或水中的各种工种
```

图 1-106　胶凝材料按其化学组成分类

水泥、专用水泥及特性水泥三大类，如图 1-107 所示。

图 1-107　水泥类型

三、混凝土与砂浆

1. 混凝土

混凝土是由胶凝材料与水、粗骨料、细骨料按适当比例配合，必要时掺加适量外加剂、掺和料或其他改性材料，经搅拌、捣实成型后，经过一定时间硬化而成的人造石材。胶凝材料有水泥、石膏等无机胶凝材料和沥青、聚合物等有机胶凝材料。无机胶凝材料及有机胶凝材料也可复合使用。混凝土的分类如图 1-108 所示。

2. 建筑砂浆

建筑砂浆是铺地工程中不可缺少而且用量很大的建筑材料，它是由无机胶凝材料、细骨料和水，有时也掺入某些外掺材料，按一定比例配合调制而成。

（1）建筑砂浆的分类　常用的建筑砂浆按功能来分有砌筑砂浆、抹面砂浆、装饰砂浆及特种砂浆；按胶凝材料的不同可分为水泥砂浆、石灰砂浆、混合砂浆。

（2）建筑砂浆的用途　建筑砂浆又称无粗骨料混凝土，与普通混凝土相比，在建筑工程中用途非常广泛，其主要用途如图 1-109 所示。

图 1-108　混凝土的分类

图 1-109　建筑砂浆的主要用途

四、其他材料

1. 建筑陶瓷

建筑陶瓷可分为陶质、瓷质和炻质三大类。最常用的建筑陶瓷有釉面砖、外墙面砖、地面砖、马赛克、琉璃制品、陶瓷壁画及卫生陶瓷等。各类建筑陶瓷的特点如下。

（1）墙地砖　墙地砖是以优质陶土原料加入其他材料配成生料，分为有釉和无釉两种。墙地砖的表面质感多种多样，通过配料和改变制作工艺，可制成平面、麻面、毛面、刨光面、磨光面、纹点面、仿花岗石面、压花浮雕面、无光釉面、金属光泽面、防滑面、耐磨面等，以及丝网印刷、套花图案、单色、多色等多种样式。

墙地砖主要用于建筑物外墙贴面和室内外地面装饰铺贴用砖。用于外墙面的常用规格为150mm×75mm、200mm×100mm 等，用于地面的常用规格有 300mm×300mm、400mm×400mm，其厚度在 8～12mm 之间。

（2）马赛克　马赛克是指由边长≤40mm、具有多种色彩和不同形状的小块砖镶拼组成各种花色图案的陶瓷制品。马赛克采用优质瓷土烧制成方形、长方形、六角形等薄片状小块瓷砖后，再通过铺贴盒将其按设计图案反贴在牛皮纸上，称作一联，每联305.5mm×305.5mm见方，每40联为一箱，每箱约3.7m²。主要用于室内地面铺筑。

（3）陶瓷劈离砖　陶瓷劈离砖以黏土为原料，经配料、真空挤压成型、烘干、焙烧、劈离（将一块双联砖分为两块砖）等工序制成。该产品富有个性，古朴高雅，适用于墙面装饰。

（4）琉璃制品　琉璃制品是以难熔黏土作为原料，经配料、成型、干燥、素烧、表面涂以琉璃釉料后，再经烧制而成。琉璃制品常见的颜色有金、黄、蓝和青等。其主要产品有琉璃瓦、琉璃砖、琉璃兽、琉璃花窗、栏杆等装饰制件，还有琉璃桌、绣墩、鱼缸、花盆、花瓶等陈设用的建筑工艺品。

琉璃制品主要用于建筑屋面材料，如板瓦、筒瓦、滴水、勾头以及飞禽走兽等，用作檐头和屋脊的装饰物，还可以用于建筑园林中的亭、台、楼阁，以增加园林的特色。

（5）陶瓷壁画　陶瓷壁画是以陶瓷面砖、陶板等建筑材料经镶拼制作的，是具有较高艺术价值的现代建筑装饰，属于高档装饰。陶瓷壁画不是原画稿的简单复制，而是艺术的再创造，它巧妙地将绘画技法和陶瓷装饰艺术融合于一体，经过放样、制板、刻画、配釉、施釉、焙烧等一系列工艺，采用浸、点、涂、喷、填等多种施釉技法以及丰富多彩的窑变技术，创造出神形兼备、巧夺天工的艺术作品。适用于大厦、宾馆、酒楼等高层建筑的镶嵌，也可镶嵌于公共活动场所，如机场的候机室、车站的候车室、大型会议室、会客室、园林旅游区以及码头、地铁、隧道等公共交通场所的装饰，给人以美的享受。

2. 建筑钢材

建筑钢材是指由一种或两种以上的金属元素，或者金属与非金属元素组成的具有金属性质的合金的总称。铺地工程上所用的钢筋、型钢、钢板和钢管等通称为建筑钢材。建筑钢材的主要优点是强度高，表现为抗拉、抗压、抗弯及抗剪强度都很高，可用于钢结构中各种构件的制作。在钢筋混凝土结构中，能弥补混凝土抗拉弯、抗剪和抗裂性能较低的缺点；塑性好，在常温下建筑钢材能承受较大的塑性变形；质地均匀、性能可靠，建筑钢材性能的利用率比其他非金属材料要高得多。若对钢材实行热处理，可根据所需要的性能进行改性。

3. 建筑涂料

涂装于建筑物体表面，能干结成膜，具有防护、装饰、防锈、防腐、防水或其他特殊功能的物质称为涂料。把涂装于建筑物体表面，如内外墙面、地面等，能与基体材料很好地黏接，形成完整而坚硬的保护膜，并能起到防护、装饰及其他特殊功能的涂料称为建筑涂料。建筑涂料种类繁多，功能各异，不同的建筑涂料组成成分各不相同。按所起的作用不同，可分为主要成膜物质、次要成膜物质和辅助成膜物质。

第二章
园路工程

第一节
园路布局设计

【新手必读】园路的布局形式

套环式园路系统

套环式园路系统是由主园路构成一个闭合的大型环路或一个"8"字形的双环路，再从主园路上分出很多的次园路和游览小道，并且相互穿插连接与闭合，构成另一些较小的环路的园路系统。主园路、次园路和小路构成的环路之间的关系，是环环相套、互通互连的关系，其中少有尽端式道路，如图2-1所示。因此，这样的道路系统可以使游人在游览中不走回头路。

套环式园路最能适应公共园林环境，也是应用最为广泛的一种园路系统。但是，在地形狭长的园林绿地中，由于地形的限制，一般不宜采用这种园路布局形式。

图 2-1　套环式园路系统

条带式园路系统

条带式园路系统布局形式的特点是主园路呈条带状，始端和尽端各在一方，并不闭合成环。在主路的一侧或两侧，可以穿插一些次园路和游览小道。次路和小路相互之间也可以局部闭合成环路，但主路不会闭合成环，如图2-2所示。条带式园路系统不能保证游人在游园中不走回头路。

条带式园路系统适用于林阴道、河滨公园等地形狭长的带状公共绿地中。

图 2-2　条带式园路系统

树枝式园路系统

以山谷、河谷地形为主的风景区和市郊公园，主园路一般只能布置在谷底，沿着河沟从下往上延伸。两侧山坡上的多处景点都是从主路上分出一些支路，甚至再分出一些小路加以连接。支路和小路多数只能是尽端式道路，游人到了景点游览之后，要原路返回到主路再向上行，如图2-3所示。这种道路系统的平面形状，就像是有许多分枝的树枝，游人走回头路的时候很多。

树枝式园路系统是游览性最差的一种园路布局形式，只适用于在受到地形限制时采用。

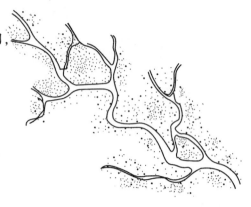

图2-3　树枝式园路系统

【新手必读】园路的布局设计

一、设计依据

园路的布局设计，要以园林本身的性质、特征以及实用功能为依据，主要有以下两个方面。

1. 园林工程的建设规模决定了园路布局设计的道路类型和布局特点

一般较大的公园，要求园路主道、次道和游步道三者齐备，并使其铺装式样多样化，从而使园路成为园林造景的重要组成部分。而较小的园林绿地或单位小块绿地的设计，往往只有次道和游步道的布局设计。

2. 园林绿地的规划形式决定了园路布局设计的风格

规则式园林园路应布局成直线和有规可循的曲线式，在园路的铺装上也应和园林风格相适应，充分体现规则式园林的特征。而自然式园林园路应布局成无规可循的自由曲线和宽窄不等的变形路。

二、设计原则

1. 因地制宜

依据园林工程建设的规划形式，并结合地形地貌设计。一般园路宜曲不宜直，贵在合乎自然，追求自然野趣，依山随势，回环曲折；曲线要自然流畅，犹如流水，随地势就形。

2. 结合园林造景进行布局设计

园路的组织交通功能应服从于游览要求，不以便捷为准则，而是根据地形的要求、景点的分布等因素来进行设置。要做到因景通路，同时要使路和其他造景要素很好地结合，使整个园林更加和谐，并创造出一定的意境来。

3. 以人为本

在园林中，园路设计也必须遵循供人行走为先的原则。也就是说设计修筑的园路必须满足导游和组织交通的作用，要考虑到人总喜欢走捷径的习惯。因此，园路设计必须首先考虑为人服务、满足人的需求。否则，就会导致修筑的园路少人走，而没有园路的绿地却被踩出了园路。

4. 切忌设计无目的、死胡同的园路

园林工程建设中的道路应形成一个环状道路网络，四通八达，道路设计要做到有的放矢，因景通路，因游设路，不能漫无目的，更不能使游人正在游兴时"此路不通"。

三、设计要素

园路的设计要素，如图2-4所示。

绿化率　园路和城市园林景观路与普通主干道不同，其绿化用地率不得小于40%，而普通路仅为20%～30%

规划设计　园林和景观路的景观特色和风格应在城市绿地系统规划中统一确定，并体现城市景观风貌和特色

设计风格　同一园路的绿化要风格统一，但不同路段可以有所变化，要体现城市风貌，景观路要与街景结合

植物选择　园林和城市景观路的植物应选择观赏价值高，能体现地方特色的植物，反映城市绿化特点和水平

植物配置　园路的植物配置和空间层次要协调，树形组合、色彩和季相变化要自然，形式统一而富有变化，注重本地区经典配置形式的应用

环境要求　园路要与邻近的山、河、湖、海相结合，突出自然景观特色，做到自然与人文的和谐统一和完美结合

图2-4　园路的设计要素

四、设计注意要点

1. 先主后支，主次分明

主园路要贯穿全园，形成全园的骨架。同时连接主要入口和主景区。既有消防、行车等功能，又有观景、漫步休闲功能。而支路是各分区的局部骨架，主要起到"循游"和"回流"的作用，使各区域相互联系和贯通，如图2-5所示。

2. 疏密适当

园路的疏密和景区的性质、园内的地形以及游人的数量有关。一般安静休息区密度可小，文化活动区及各类展览区密度可大，游人多的地方可大，游人少的地方可小。总的说园路不宜过密，如图2-5所示。

图2-5　北京植物园导游图

3. 顺势辟路，曲折有致

园路的设计要与所处的地势相结合。地势平缓则路线舒展，可取大曲率；地势变化急剧则路径"顿置宛转"，有高有低，有曲有深，做到"路宜偏径，临濠蜿蜒"，使园路"曲折有情"。"顺势"就是要把握园区流通序列空间的构图游览情势，做到"因地制宜""因势利导"的布局设计。此外，在进行园路设计时，要注意道路平面上的曲折与剖面上的起伏相结合，做到顺地形而起伏，顺地势而转折，如图 2-6 所示。

图 2-6 杭州西湖三潭印月中的"曲径通幽"

4. 园路与建筑

在园路与建筑物的交接处，通常能形成路口。从园路与建筑相互交接的实际情况来看，一般都是在建筑近旁设置一块较小的缓冲场地，园路则通过这块场地与建设交接。但一些起过道作用的建筑、游廊等，通常不设缓冲小场地。根据对园路和建筑相互关系的处理和实际工程设计中的经验，可以采用以下几种方式来处理二者之间的交接关系。

（1）"能上能下" 即我们常见的平行交接和正对交接，是指建筑物的长轴与园路中心线平行或垂直，如图 2-7 所示。

（2）"侧对交接" 即建筑长轴与园路中心线相垂直，并从建筑正面的一侧相交接；或者园路从建筑物的侧面与其交接，如图 2-7 所示。

实际处理园路与建筑物的交接关系时，一般都避免斜路交接；特别是正对建筑某一角的斜角，会使冲突感很强。对不得不斜交的园路，要在交接处设一段短的直路作为过渡，或者为避免建筑与园路斜交，而将交接处形成的路角改成圆角，如图 2-7 所示。

5. 园路路口规划

园路路口的规划是园路建设的重要组成部分。从规划式园路系统和自然式园路系统的相互比较情况来看，自然式园路系统中则以三岔路口为主，而在规划式园路系统中则以十字路口较多。园路路口规划应注意以下要点。

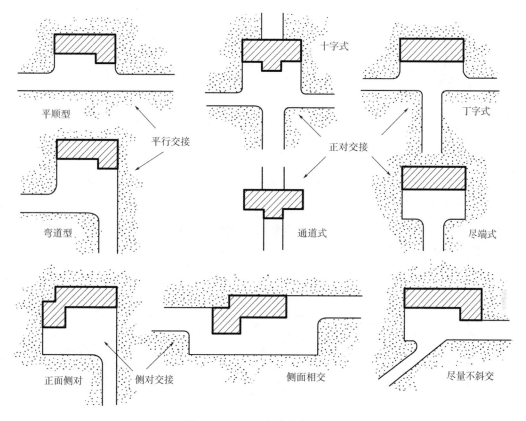

图 2-7　园路与建筑的交接形式

1）两条自然式园路相交于一点，所形成的对角不宜相等。道路需要转换方向时，离原交叉点要有一定长度作为方向转变的过渡。如果两条直线道路相交时，可以正交，也可以斜交。为了美观实用，要求交叉在一点上，对角相等，这样就显得自然和谐，如图 2-8、图 2-9 所示。

图 2-8　园路正交　　　　　　　　　　　　　　图 2-9　园路斜交

2）两路相交所呈的角度一般不宜小于 60°。如果由于受实际情况限制，角度太小，可以在交叉处设立一个三角绿地，使交叉所形成的尖角得以缓和，如图 2-10 所示。

3）如果 3 条园路相交在一起时，3 条路的中心线应交汇于一点上，否则会显得杂乱，如图 2-11 所示。

4）由主干道上发出的次干道分叉的位置，宜在主干道凸出的位置处，这样就显得流畅自如，如图 2-12 所示。

图 2-10　两条路交叉处设立　　　图 2-11　3 条园路交汇于一点　　　图 2-12　主干道上发出的次干道
　　　　　三角绿地　　　　　　　　　　　　　　　　　　　　　　　　　　　　 分叉的位置

5）较短的距离内道路的一侧不宜出现两个或两个以上的道路交叉口，尽可能避免多条道路交叉在一起。如果避免不了，则需在交接处形成一个广场，如图 2-13 所示。

图 2-13　应避免多条路交叉

6）凡道路交叉所形成的大小角都宜采用弧线，每个转角要圆润。

7）两条相反方向的曲线园路相遇时，在交接处要有较长距离的直线，切忌形成 "S" 形。

8）园路布局应随地形、地貌、地物而变化，做到自然流畅、美观协调。

6. 园路与种植

林荫夹道应该是最好的绿化方式，郊区大面积绿化，行道树可与两旁绿化种植结合在一起，自由进出，不按间距灵活种植实现路在林中走的意境，即为夹景，如图 2-14 所示；有一定距离但在局部稍作浓密布置，形成阻隔，是障景。障景使园林有 "山重水复疑无路，柳暗花明又一村" 的意境。

在园路的转弯处，可以利用植物加以强调，使其既有引导游人的功能，又极其美观。园路的交叉路口处，可以设置中心绿岛，回车岛，花钵，花、树坛等，同样具有美观和疏导游人的作用。还应注意园路和绿地的高低关系，设计好的园路，常是浅埋于绿地之内，隐藏于绿丛之中的，尤其山麓边坡外，园路一经暴露便会留下道道横行痕迹，极不

图 2-14　夹景

美观，所以要求路比"绿"低，但不一定比"土"低。

7. 山地园林道路

山地园林道路受地形的限制，宽度不宜过大，一般大路宽 2 ~ 3m，小路则不大于 1.2m。当道路坡度在 6% 以内的时候，则可按一般道路处理，超过 6% ~ 10% 的时候，就应顺等高线做成盘山道以减小坡度。山道台阶每 15 ~ 20 级最好有一段平坦的地面让人们在其间休息。稍大的地面还可设置一定的设施供人们休息眺望。盘山道的路面常做成向内倾斜的单面坡，使游人行走时有舒适安全的感觉。

此外，山路的布置还要根据山的体量、高度、地形变化、建筑分布、绿化种植等综合安排。较大的山，山路应分出主次。主路可形成盘山路，次路可随地随形取其方便，小路则是穿越林间的羊肠小路。

8. 山地台阶

山地台阶是为解决园林地形的高差而设的。它除了具有使用功能以外，还有美化装饰的功能，它的外形轮廓具有节奏感，常可作为园林小景。山地台阶通常附设于建筑出入口、水旁、岸壁和山路。

五、设计方法

1. 确定园路布局风格

对收集来的设计资料及其他图面资料进行分析研究，从而初步确定园路布局风格。

2. 确定主干道的位置布局和宽窄规格

对公园或绿地规划中的景点、景区及其周边的交通景观等进行综合分析，必要时可与有关单位联合分析，并研究设计区内的植物种植设计情况。通过以上分析研究，确定主干道的位置布局和宽窄规格。

3. 形成布局设计图

以主干道为骨架，用次干道进行景区的划分，并通达各区主景点，再以次干道为基点，结合各区景观特点，具体设计游步道，形成布局设计图。园路布局设计实例如图 2-15、图 2-16 所示。

图 2-15 赤冢公园道路系统（规则式园路）

图 2-16　新泻县植物园道路系统（自然式园路）

【新手必读】园路的设计要求

一、以总体设计为依据

各级园路应以总体设计为依据，确定路宽、平曲线和竖曲线的线形以及路面结构。园路设计应根据总体设计的选线（路由）、控制标高和特色要求具体确定园路的宽度、平曲线和竖曲线的线形以及路面结构。

二、园路宽度的规定

1. 园路宽度

园路宽度应符合表 2-1 的规定。

表 2-1　园路宽度 （单位：m）

园路级别	陆地面积/hm²			
	<2	2 ~ 10	10 ~ 50	>50
主路	2.0 ~ 3.5	2.5 ~ 4.5	3.5 ~ 5.0	5.0 ~ 7.0
支路	1.2 ~ 2.0	2.0 ~ 3.5	2.0 ~ 3.5	3.5 ~ 5.0
小路	0.9 ~ 1.2	0.9 ~ 2.0	1.2 ~ 2.0	1.2 ~ 3.0

表 2-1 是根据对 40 多个公园和 8 个动物园所作的统计分析而提出的。一些由于非交通功能需要而宽度较大的园路、交通功能不强的步石和只能由单人通过的狭窄园路在园路系统中所占比例极小，在此不作规定。园路宽度有一些幅度，使之适应不同性质和不同游人容量的公园需要。

园路最低宽度为 0.9m，以便两人相遇时有一人侧身尚能交错通过。2.0m 的宽度可供两人通行；2.0 ~ 3.5m 的宽度可通行小型车辆；3.5 ~ 5.0m 的宽度可满足多股人流通行，也可满足运输工具的通行。

2. 有关规定

根据交通部门的有关规定，经常通行机动车的园路宽度应大于 4m，转弯半径不得小于 12m。

三、公园游人出入口宽度

1）公园游人出入口宽度应符合表 2-2 的规定。

表 2-2　公园游人出入口宽度下限

游人人均在园停留时间/h	售票公园/(m/万人)	不售票公园/(m/万人)
>4	8.3	5.0
1 ~ 4	17.0	10.2
<1	25.0	15.0.

注：单位"万人"指公园游人容量。

2）单个出入口最小宽度为 1.5m。

3）举行大规模活动的公园，应另设安全门。

四、园路线形设计

园路线形设计应符合的规定，如图 2-17 所示。

园路线形设计应符合的规定
- 与地形、水体、植物、建筑物、铺装场地及其他设施结合，形成完整的风景构图
- 创造连续展示园林景观的空间或欣赏前方景物的透视线
- 路的转折、衔接通顺，符合游人的行为规律

图 2-17　园路线形设计应符合的规定

五、坡度

1. 主路

主路纵坡宜小于8%，横坡宜小于3%，粒料路面横坡宜小于4%，纵、横坡不得同时无坡度。山地公园的园路纵坡应小于12%，超过12%应做防滑处理。主园路不宜设置梯道，必须设梯道时，纵坡宜小于36%。我国的建筑规范中一般规定步道坡度8%以上宜按台阶设计；国际康复协会规定残疾人使用的坡道最大纵坡为8.33%。因此，主路纵坡上限应为8%。通过对实际情况的调查，山地公园主路纵坡应小于12%。主路不宜设梯道是为坐轮椅和行走有困难的游人通行方便，同时便于养护设备通行。

2. 支路和小路

支路和小路纵坡宜小于18%。纵坡超过15%的路段，路面应做防滑处理；纵坡超过18%时，宜按台阶、梯道设计，台阶踏步数不得少于2级，坡度大于58%的梯道应做防滑处理，宜设置防护设施。

目前，我国建筑工程中常用的室外台阶比较舒适的高度为12cm，宽度为30cm，纵坡为40%。调查资料表明：纵坡为36.49%的梯道上下行虽然不感到累，但心理上有负担；坡度达39%时，老年人上下行均感到稍累，精神上有些紧张。因此，为照顾全体游人交通的需要，主路上梯道的纵坡度宜小于36%。关于支路和小路上的梯道，目前我国使用的楼梯坡度一般在36.4%～100%之间，适宜的为66.7%，但楼梯一般位于室内且有扶手栏杆。因此，对于公园中支路和小路的纵坡度大于58%的梯道应做防滑处理，并设置扶手栏杆。

六、安全防护实施

园路在地形险要的地段应设置安全防护设施。

七、通行复线

通往孤岛、山顶等卡口的路段宜设置通行复线；必须沿原路返回路线的应适当放宽路面。应根据路段行程及通行难易程度，适当设置供游人短暂休憩的场所及防护设施。

八、园路的结构和饰面

园路及铺装场地应根据不同功能要求确定其结构和饰面。面层材料应与公园风格相协调，并宜与城市车行路有所区别。园路由于功能不同，有些需要通行大量人流或机动车，有些则只作为少量人流通行之用，荷载不同，需有不同的结构和面层材料。公园中路面面层材料的选择又受公园总体风格的制约，因此与城市车行道路的路面要有所区别。

九、无障碍设计

随着现代社会的发展，残疾人群体越来越受到重视，园林绿地的各种功能要便于残疾人使用，园路的设计也应该满足无障碍设计。

1）园路路面宽度不能小于1.2m，回车路段路面宽度不宜小于2.5m。

2）道路纵坡一般不宜超过4%，且坡长不宜过长，在适当距离应设水平路段，不应有阶梯。

3）园路应尽可能减小道路横坡。

4）坡道坡度为 1/20 ~ 1/15 时，其坡长一般不宜超过 9m；每逢转弯处，应设不小于 1.8m 的休息平台。

5）园路一侧为陡坡时，应设高度为 10cm 以上的挡石，并设置扶手栏杆。

6）排水沟箅子等，不得突出路面，并注意不得卡住车轮和盲人的拐杖。具体做法参照《无障碍设计规范》（GB 50763—2012）。

【高手必懂】园路的线形设计

一、平面线形设计

平曲线设计就是具体确定园路在平面上的位置，由勘测资料和园路性质等级要求以及景观的需要，定出园路中心线的位置和园路的宽度，确定直线段，选用平曲线半径，合理解决曲线、直线的衔接，恰当地设置超高、加宽路段，确保安全视距，并绘出园路平面设计图。

1. 园路构图中常见的几种线形

根据线形不同，可将园路分为自然式园路和规则式园路两类，如图 2-18 所示。

图 2-18　园路根据线形分类

近年来，随着东西方造园艺术的交流，规则与自然相结合，直线和曲线混合构图的园路布局手法也数见不鲜。

2. 园路的平面线形设计要求

在园路布局设计完成后，园路的位置已确定了，但在园路施工设计时，应对下列内容进行复核。

1）重点景区的游览大道及大型园林的主干道路面宽度应能通行大卡车、大型客车，而在公园内为避免占用太多的绿地空间，主干道路面宽度一般不宜超过 6m。

2）为满足公园管理及生活运输的需要，公园主干道应能通卡车，对重点文物保护区的主要建筑物四周的道路，应能通行消防车，其路面宽度一般为 3.5m。

3）游步道应多于主、次干道，宽度为 1 ~ 2.5m，因地制宜，灵活设计，并使其本身能起到造景作用。游人及各种车辆的最小运动宽度，见表 2-3。

表 2-3　游人及各种车辆的最小运动宽度

交通种类	最小宽度/m
单人	≥0.75
自行车	0.6

(续)

交通种类	最小宽度/m
三轮车	1.24
手扶拖拉机	0.84 ~ 1.5
小轿车	2.00
消防车	2.06
卡车	2.50
大型客车	2.66

3. 平曲线半径的选择

当道路由一段直线转到另一段直线上时，其转角的连接部分应采用圆弧形曲线，这个圆弧形曲线就叫做平曲线。平曲线的设计是为了缓和行车方向的突然改变，确保汽车行驶的平稳安全，或确保游步道的自然顺畅，它的半径即是平曲线半径，如图2-19所示。平曲线最小半径取值为10 ~ 30m。

（1）自然式园路曲折迂回，在平曲线变化时主要由以下因素决定

1）园林造景的需要。

2）当地地形、地物条件的要求。

3）在通行机动车的地段上行车安全的要求。

4）行车平曲线半径最小不得低于6m，这一半径不考虑行车速度，只要满足车辆的最小转弯半径即可，如图2-20所示。

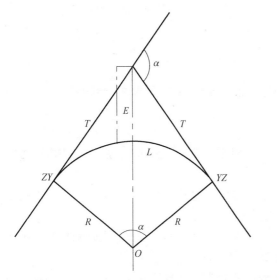

图 2-19　园路平曲线半径示意图

T—切线长（m）　*E*—曲线外距（m）　*L*—曲线长（m）

α—路线转折角度　*R*—平曲线半径（m）

ZY—直圆点（曲线终点）　*YZ*—圆直点（曲线终点）

图 2-20　车辆的最小平曲线转弯半径

（2）在考虑行车速度时平曲线的设计应注意以下几个方面

1）曲线加宽。车辆在弯道上行驶，由于前后轮的轨迹不同，外侧前轮转弯半径大，同时车

身所占宽度也较直线行驶时更大。而且半径越小，这一情况越显著，因此在小半径弯道上，弯道内侧的路面要适当加宽，如图2-21所示。

弯道

加宽值

加宽缓和长度

a）　　　　　　　　　　　　　b）

图 2-21　弯道行车道后轮轨迹与曲线加宽图

a）弯道行车道后轮轨迹　b）弯道路面加宽

2）行车视距。车辆行驶中，必须确保驾驶员在一定距离内能观察到路上的一切情况，以便于有充分时间采取适当的措施，以防止发生交通事故，这个距离称为行车视距。行车视距的长短与车辆的制动效果、车速及驾驶员的技术和反应时间有关。行车视距又分为停车视距和会车视距。停车视距是指驾驶员在行驶过程中，从看到同一车道上的障碍物时，开始刹车到达障碍物前安全行车的最短距离。会车视距是指两辆汽车在同一条行车道上相对行驶发现对方时来不及或无法错车，只能双方采取制动措施，使车辆在相撞之前安全停车的最短距离。常用的停车及会车视距见表2-4。

表 2-4　常用的停车和会车视距

视　距	道路等级		
	园路及居住区道路	主干道	次干道
停车视距/m	25～30	75～100	50～75
会车视距/m	50～60	150～200	100～150

道路转弯处必须空出一定的距离，使司机在这个范围内能看到对面或侧方来往的车辆，并有一定的刹车和停车时间，而不致发生撞车事故。根据两条相交道路的两个最短视距，这段距离即为行车的安全视距（图2-22中的S），一般采用30～35m的安全视距为宜。在交叉路口平面图上绘出的三角形（图2-22），称为视距三角形，在视距三角形内障碍物的高度（包括绿化）不得超过车辆驾驶员的视线高度，一般为1.2～1.5m。

4. 平曲线的衔接

平曲线的衔接是指两条相邻近的平曲线相接，分为3种类型，如图2-23所示。

图 2-22　行车安全视距

图 2-23　平曲线的衔接

二、横断面线形设计

1. 园路横断面的概念

园路横断面是指垂直于园路中心线方向的断面，它关系到交通安全、环境卫生、用地经济、景观等因素。园路横断面设计在园林总体规划中所确定的园路路幅或在道路红线范围内进行，它由车行道、人行道或路肩、绿带、地上和地下管线（给水、电力、电信等）共同敷设带（简称共同沟）、排水（雨水、中水、污水）沟道、电力电信照明电杆、分车导向岛、交通组织标志、信号和人行横道等组成，如图 2-24 所示。

2. 园路横断面设计

园路横断面设计的主要内容包括：依据规划园路宽度和园路断面形式，结合实际地形确定合适的横断面形式；确定合理的路拱横坡；综合解决路与管线及其他附属设施之间的矛盾等。

图 2-24 园路横断面

（1）园路横断面形式的确定 园路的横断面形式依据车行道的条数通常可分为：
"一板式"（机动与非机动车辆在一条车行道上混合行驶，上行、下行不分隔）。
"二板式"（机动与非机动车辆混驶，但上、下行由道路中央分隔带分开）等形式。
公园中常见的路多为"一板式"。

通常在总体规划阶段会初步定出园路的分级、宽度及断面形式等，但在进行园路工程设计时仍需结合现场情况重新进行深入设计，选择并最终确定适宜的园路宽度和横断面形式。

（2）园路路拱设计 为了使雨水快速排出路面，园路的横断面通常设计为拱形、斜线形，称之为路拱设计。主要是确定园路横断面的线形和横坡坡度。园路路拱基本形式有直线型、折线型、抛物线型和单坡型四种，见表 2-5。

表 2-5 园路路拱的基本形式

形式	特点	图示
直线型路拱	直线型路拱适用于横坡坡度较小的双车道或多车道水泥混凝土路面。最简单的直线型路拱是由两条倾斜的直线所组成的。在直线型路拱的中部也可以插入一段抛物线或圆曲线，但曲线的半径不宜小于 50m，曲线长度不应小于路面总宽度的 10%	$i=3\%\sim4\%$ h_1 $B'\times8$ B
折线型路拱	折线型路拱指由道路中心线向两侧逐渐增大横坡度的若干短折线组成的路拱。这种路拱的横坡度变化比较徐缓，路拱的直线较短，近似抛物线形路拱，对排水、行人、行车也都有利，一般用于比较宽的园路。为了行人和行车方便，通常可在横坡 1.5% 的直线型路拱的中部插入两段 0.8% ~ 1.0% 的对称连接折线，使路面中部不至于呈现屋脊形	2.5% 2% 1.5% $0.8\%\sim1.0\%$ h_4 h_3 h_2 h_1 $B'\times8$

(续)

形式	特点	图示
抛物线型路拱	抛物线型路拱是最常用的路拱形式。其特点是：路面中部较平，愈向外侧坡度愈陡，横断路面呈抛物线形。这种路拱对游人行走、行车和路面排水都很有利，但不适用于较宽的道路以及低等级的路面。抛物线形路拱路面各处的横坡度一般宜控制在：$i_1 \geqslant 0.3\%$，$i_4 \leqslant 5\%$，且 i 值平均为 2% 左右	
单坡型路拱	单坡型路拱可以看做是以上三种路拱各取一半所得到的路拱形式。其路面单向倾斜，雨水只向道路一侧排除。在山地园林中，常采用这种形式。但这种路拱不适宜较宽的道路，道路宽度一般不大于 9m。这种路拱形式由于夹带泥土的雨水总是从道路较高一侧通过路面流向较低一侧，容易污染路面，因此，在园林中采用时也受到很多限制	

（3）园路横断面综合设计　在自然地形起伏较大的地区设计道路横断面时，如果道路两侧的地形高差较大，结合地形布置道路横断面有以下几种形式。

结合地形将人行道与车行道设置在不同高度上，人行道与车行道之间用斜坡隔开或用挡土墙隔开，如图 2-25 所示。

图 2-25　人行道与车行道设置在不同高度上
a）人行道与车行道用斜坡隔开　b）人行道与车行道用挡土墙隔开

将两个不同行车方向的车行道设置在不同高度上，如图 2-26 所示。

图 2-26　不同行车方向的车行道设置在不同高度上
a）人行道与车行道间用斜坡隔开　b）人行道与车行道间用挡土墙隔开

结合岸坡的倾斜地形，将沿河一边的人行道布置在较低的不受水淹的河滩上，供居民散步休息之用。供车辆通行的车行道设置在上层，如图 2-27 所示。

三、纵断面线形设计

1. 园路纵断面的概念

园路纵断面是指路面中心线的竖向断面。纵断面线形即道路中心线在其竖向剖面上的投影形态。路面中心线在纵断面上为连续相折的直线，在折线的交点处要设置成竖向的曲线状，使路面平顺，即园路

图 2-27　岸坡的倾斜地形人行道的布置

的竖向曲线。竖曲线的设置可使园林道路多有起伏，路景生动，视线俯仰变化，会使游人游览散步时感觉舒适方便。

2. 园路纵断面设计

（1）园路纵断面的设计要求　如图 2-28 所示。

（2）园路纵断面的设计内容　如图 2-29 所示。

图 2-28　园路纵断面的设计要求　　　　图 2-29　园路纵断面的设计内容

（3）园路纵断面的设计要点

纵坡度

纵坡度的要点，如图 2-30 所示。

图 2-30　纵坡度的要点

横坡度

园路横坡一般为 1% ~ 4%，呈两面坡以便于排水；弯道处因设超高而呈单向横坡；不同材料路面的排水能力不同，因此，各类型路面对纵横坡度的要求也不同，见表2-6。

表2-6　各类型路面的纵横坡度

路石类型	纵坡（%）				横坡（%）	
	最小	最大		特殊	最小	最大
		游览大道	园路			
水泥混凝土路面	3	60	70	100	1.5	2.5
沥青混凝土路面	3	50	60	100	1.5	2.5
块石、炼砖路面	4	60	80	110	2	3
拳石、卵石路面	5	70	80	70	3	4
粒料路面	5	60	80	80	2.5	3.5
改善土路面	5	60	60	80	2.5	4
游步小道	3		80		1.5	3
自行车道	3	30			1.5	2
广场、停车场	3	60	70	100	1.5	2.5
特别停车场	3	60	70	100	0.5	1

竖曲线

园路总是上下起伏的，在起伏转折的地方，由一条圆弧连接。这种圆弧是竖向的，工程上把这样的弧线叫竖曲线，如图2-31所示。竖曲线应考虑会车安全。

图2-31　竖曲线

弯道与超高

当汽车在弯道上行驶时，产生的横向推力叫作离心力。这种离心力的大小与车行速度平方成正比，与平曲线半径成反比。为了防止车辆向外侧滑移，抵消离心力的作用，可以把路的外侧抬高，如图2-32所示。

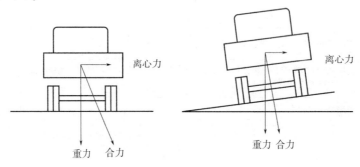

图2-32　汽车在弯道上行驶的受力分析

第二节
园路结构设计

【新手必读】园路结构组成

园路一般由路面、路基和附属工程三部分组成。

一、路面

园路路面是由面层、结合层、基层和垫层四部分构成，如图 2-33 所示。

面层

结合层

基层

垫层

图 2-33　园路路面结构示意图

1. 面层

面层是园路路面最上面的一层。它直接承受人流、车辆的荷载和不良气候的影响，因此要求其坚固、平稳、耐磨，具有一定的粗糙度，少尘土，便于清扫，同时尽量美观大方，和园林绿地景观融为一体。如果面层选择不好，就会给游人带来"无风三尺土，雨天一脚泥"的不利影响。

面层材料的选择应遵循的原则：要满足园路的装饰性，体现地面的景观效果；要求色彩和光线的柔和，防止反光；应与周围的地形、山石、植物相配合。常用的面层材料如图 2-34 ~ 图 2-36 所示。

水泥混凝土材料

图 2-34　水泥混凝土材料

片块状材料

洗石子粒径一般为5~10mm，卵圆形，颜色有黑、灰、白、褐等，可以选用单色或混合色应用。混合色比较能与环境调和，因此用得较普遍。洗石子地面的处理除了用普通的水泥外，也可用白色或加有红色、绿色等色剂的水泥，使石子洗出的格调更为特殊	步石按材质可分为自然石、加工石及人工石、木质等，要求表面要平坦、不滑，不易磨损或断裂，一组步石的每块石板在形色上要类似而调和，不可差距太大。步石的尺寸可有30cm直径的小块到50cm直径的大块，厚度在6cm以上为佳
洗石子	步石

片块状材料

红砖	切石板	鹅卵石
红砖硬度比自然石、混凝土、石板差，且易磨损，但以其色彩及易于施工的特点，是用于专供行人步行的通道的理想材料	适合加工切石板的石材有花岗石、黏板石、安山石等	鹅卵石指直径为6~15cm，形状圆滑的河川冲刷石，用鹅卵石铺设的园路乍看起来稳重而又实用，别具一格

图 2-35 片块状材料

地面镶嵌与拼花材料

地面镶嵌与拼花是用不同颜色、不同大小、不同形状的石子铺筑成拼花。

嵌草路面材料

嵌草路面有两种类型：一种是在块料铺装时，在块料之间留出空隙，其间种草，如冰裂纹嵌草路面、空心砖纹嵌草路面、人字纹嵌草路面等；另一种是制作成可以嵌草的各种纹样的混凝土铺地砖。

木材路面材料

木材路面材料

木材	圆木材
用于铺地的木材有正方形的木条、木板，圆形的、半圆形的木桩等。在潮湿近水的场所使用时，宜选择耐湿防腐的木材	铺地用的圆木材以松、杉、桧为主，直径需为10cm左右。圆木材的长度平均锯成15cm

图 2-36 木材路面材料

表 2-7 彩色水泥的配制

调制水泥色	水泥及其用量	颜料及其用量
红色、紫砂色水泥	普通水泥 500g	铁红 20～40g
咖啡色水泥	普通水泥 500g	铁红 15g，铬黄 20g
橙黄色水泥	白色水泥 500g	铁红 25g，铬黄 10g
黄色水泥	白色水泥 500g	铁红 10g，铬黄 25g
苹果绿色水泥	白色水泥 1000g	铬绿 150g，钴蓝 50g
绿色水泥	普通水泥 500g	铬绿 0.25g
蓝色水泥	白色水泥 1000g	钴蓝 0.1g
灰黑色水泥	普通水泥 500g	炭黑适量

2. 结合层

结合层是指在采用块料铺筑面层时，面层和基层之间的一层。结合层的主要作用是结合面层和基层，同时起到找平的作用。

结合层一般用 M7.5 水泥、白灰、混合砂浆或 1∶3 白灰砂浆。砂浆摊铺宽度应大于铺装面 5～10cm，已拌好的砂浆应当日用完，也可用 3～5cm 的粗砂均匀摊铺而成。采用特殊的石材铺地，如整齐的石块和条石块，结合层应采用 M10 水泥砂浆。

砂浆又称骨料混凝土，与普通混凝土相比，在建筑工程中用途更为广泛，其主要用途如图 2-37 所示。

图 2-37 骨料混凝土的主要用途

3. 基层

基层在面层之下、垫层之上，是路面结构中主要的承重部分，它一方面承受由面层传下来的荷载，一方面把荷载传给路基。由于基层不外露，不直接造景，不直接承受车辆、人为及气候条件等因素的影响，因此对材料的要求比面层低，通常采用碎石、灰土或各种工业废渣作为基层材料。各种材料的详情如下。

干结碎石

1）特点：在施工过程中，不洒水或少洒水，依靠充分压实及用嵌缝料充分嵌挤，使石料间紧密锁结所构成的具有一定强度的结构，一般厚度为 8～16cm，适用于园路中的主路等。

2）规格要求：要求石料强度不低于 8 级，软硬不同的石料不能掺用；碎石最大粒径视厚度而定，一般不宜超过厚度的 0.7 倍，50mm 以上的大粒料约占 70%～80%，0.5～20mm 粒料约占 5%～15%，其余为中等粒料。

天然级配砂砾

1）特点：用天然的低塑性砂料，经摊铺整形并适当洒水碾压后所形成的具有一定密实度和强度的基层结构。它的一般厚度为 10~20cm，如果厚度超过 20cm 应分层铺筑。适用于园林中各级路面，特别是有荷载要求的嵌草路面，如草坪停车场等。

2）规格要求：砂砾要求颗粒坚韧，大于 20mm 的粗骨料含量占 40% 以上，其中最大料径不大于基层厚度的 0.7 倍，即使基层厚度大于 14cm，砂石材料最大料径一般也不得大于 10cm，5mm 以下颗粒的含量应小于 35%，塑性指数不大于 7。

石灰土

1）特点：在粉碎的土中，掺入适量的石灰，按照一定的技术要求，把土、石灰、水三者拌和均匀，在最佳含水量的条件下成形的结构。力学强度高，有较好的整体性、水稳性和抗冻性。后期强度也高，适用于各种路面的基层、底基层和垫层。为达到要求的压实度，石灰土基一般应用不小于 12t 的压路机等压实工具进行碾压。每层的压实厚度最小不应小于 8cm，最大也不应大于 20cm，如果超过 20cm，应分层铺筑。

2）规格要求：

土：各种成因的塑性指数在 4 以上的砂性土、粉性土、黏性土均可用于修筑石灰土。塑性指数 7~17 的黏性土类，易于粉碎均匀，便于碾压成形，铺筑效果较好。人工拌和，应筛除 1.5cm 以上的土颗粒。土中的盐分及腐殖质对石灰有不良影响，对于硫酸含量超过 0.8%，或腐殖质含量超过 10% 的土类，均应事先通过试验，参考已有经验予以处理。土中不得含有树根、杂草等物。

石灰：石灰质量应符合标准，应尽可能缩短石灰的存放时间，最好在出厂后三个月内使用，否则应采取封土等有效措施。石灰土的石灰剂量是按熟石灰占混合料总干重的百分率计算。石灰剂量的大小应根据结构层所在的位置要求的强度、水稳性、抗冻性和土质、石灰质量、气候及水文条件等因素，参照已有经验来确定。

水：一般露天水源及地下水源均可用于石灰土施工。如果水质可疑，应事先进行试验，经鉴定后才能使用。

混合料的最佳含水量和最大密实度：石灰土混合料的最佳含水量及最大密实度（即最大干容重），随土质及石灰的剂量不同而不同。最大密度随着石灰剂量的增加而减少，而最佳含水量随着石灰剂量的增加而增加。

煤渣石灰土

1）特点：也称二渣土，是以煤渣、石灰（或电石渣、石灰下脚）和土三种材料，在一定的配比下，经拌和压实而形成强度较高的一种基层。具有石灰土的全部优点，且强度、稳定性和耐磨性均比石灰土好，隔温防冻隔泥排水性能也优于石灰土，适用于地下水位较高或靠近湖边的道路铺装场地。煤渣石灰土对材料的要求不太严苛，允许范围较大。一般最小压实厚度应不小于 10cm，但也不宜超过 20cm，大于 20cm 时应分层铺筑。

2）规格要求：

煤渣：一般锅炉煤渣或机车炉渣均可使用，要求煤渣中未燃尽之煤质（烧失量）不超过 20%，煤渣无杂质；颗粒略有级配，一般大于 40mm 的颗粒不宜超过 15%（如果用铧犁或重耙拌和，粒径可适当放宽），小于 5mm 的颗粒应不大于 60%。

石灰：氧化钙含量大于 20% 的消石灰、电石渣或石灰下脚均可使用；如果用石灰下脚时，在使用前要先进行化学分析及强度试验，以免有害物质混入。

土：一般可以就地取土，但应符合对土的要求；人工拌和时土应筛除 15mm 以上的土块。

煤渣石灰土混合料的配比：要求不严，配比可以在较大范围内变动，影响强度不大，表2-8的数值只供参考，在实际应用中，可根据当地条件适当调整。

表2-8　煤渣石灰配比参考

混合料名称	材料数量（质量分数）（%）		
	消石灰	土	煤渣
煤渣石灰土	6~10	20~25	65~74
	12	30~60	28~58

二灰土

1) 特点：以石灰、粉煤灰与土，按一定的配比混合、加水拌匀碾压而成的一种基层结构。具有比石灰土还高的强度，有一定的板体性和较好的水稳性，适用于二灰土的材料要求不高，一般石灰下脚和就地土都可利用。对水敏感性强，初期强度低，在潮湿寒冷季节结硬很慢，因此冬季或雨季施工较为困难。为了达到要求的压实度，二灰土每层的厚度，最小不宜小于8cm，最大不宜超过20cm，大于20cm时应分层铺筑。

2) 规格要求：

石灰：二灰土对石灰的活性氧化物的含量要求不高，一般氧化钙含量大于20%均可使用；如果用电石渣或石灰下脚，与煤渣石灰土的要求相同。

粉煤灰：是电厂煤粉燃烧后的残渣，呈黑色粉状体，80%左右的颗粒小于0.074mm，堆密度在600~750kg/m³之间，由于粉煤灰是用水冲而排出的，因此含水量较大，须堆置一定时间，晾干后方可使用；粉煤灰颗粒粗细不同，颗粒越细对水敏感性越强，施工越不易掌握含水量，因此应选用粗颗粒粉煤灰为好。

土：土质对二灰土影响很大，土的塑性指数越高、二灰土的强度也越高，因此应尽可能采用黏性土，但塑性指数也不宜大于20。用铧犁和重耙（或手扶拖拉机带旋耕犁）拌和时，土可以不过筛。其他要求参照石灰土部分。

混合料配比：合理的配比要通过抗压强度试验确定；一般经验配比为石灰：粉煤灰：土为12:35:53，相应的体积比为1:2:2。

4. 垫层

在路基排水不良或有冻胀、翻浆的路线上，用煤渣土、石灰等稳定性好的材料作为垫层，设于基层之下等，以满足排水、隔温、防冻的需要。在园林中可以用加强基层的办法，而不另设此层。

二、路基

路基是路面的基础，它为园路提供了一个平整的基面，承受由路面传下来的荷载，并保证路面有足够的强度和稳定性。路基的设计在园路中相对简单，无特殊要求时，一般用黏土或砂性土开挖后用蛙式夯实机夯3遍，就可直接作为路基；对于未压实的下层填土，经过雨季被水浸润后能使其自行沉陷稳定，其容重为180g/cm³，可以用于路基；在严寒地区，严重的过湿冻胀土或湿软呈橡皮状土，宜采用1:9或2:8的灰土加固路基，其厚度一般为15cm。

三、附属工程

1. 路缘石

路缘石是安置在路面两侧的园路附属工程，使路面与路肩在高程上衔接起来，起到保护路面、便于排水、标志行车道、防止道路横向伸展的作用。同时，作为控制路面排水的阻挡物，还可以对行人和路边设施起到保护作用。路缘石一般用砖或混凝土制成，在园林中也可用瓦、大卵石、切割条石等材料。道牙一般分为立缘石和平缘石两种形式，其结构如图 2-38 所示。

图 2-38　路缘石结构图
a）立缘石　b）平缘石

2. 明渠和雨水井

明渠和雨水井是为收集路面雨水而建的构筑物，在园林中常用砖块砌成。明渠一般多用于平缘石的路肩外侧，而雨水井则主要用于立缘石的内侧。常用的明渠形式如图 2-39 所示。

混凝土边渠　　　　加盖明渠　　　　砖或石板明渠

块石明渠　　　　小卵石明渠　　　　大卵石明渠

图 2-39　常用的明渠形式

建筑前场地或者道路表面（无论是平面还是斜面）的排水均需要使用排水边沟。排水边沟的宽度必须与水沟的栅板宽度相对应。排水边沟同样可以用于普通道和车行道旁，为道路设计提供一个富有趣味性的设计点，并能为道路建立独有的风格。这种设计方法在许多受保护的老建筑区域内可以看到。排水边沟应成为路面铺筑的组成部分之一，当水沿路面流动时它也可以作为路的边缘装饰。

排水边沟可采用盘形剖面或平底剖面，并可采用多种材料，如现浇混凝土、预制混凝土、花岗石、普通石材或砖，砂岩则很少使用。花岗石铺筑路板和卵石的混合使用可使路面有质感的变化，卵石由于其粗糙的表面会使水流的速度减缓，这在某些环境中显得尤为重要。

3. 台阶

台阶是解决地形变化，形成园林地坪高差的重要手段。当路面坡度超过 12°时，在不通行车辆的路段上，可设置台阶以便于行走。在设计中应注意以下 4 点。

1）台阶的宽度与路面相同，每级台阶的高度为 12～17cm、宽度为 30～38cm。

2）一般台阶不宜连续使用，地形许可的条件下，应每 10～18 级后设一段平坦的地段，用来供游人恢复体力。

3）为了防止台阶积水、结冰，利于排水，每级台阶应有 1%～2%向下的坡度。

4）台阶的造型及材料可以结合造景的需要，如利用天然山石、预制混凝土做成仿木桩、树桩等各种形式，装饰园景，如图 2-40 所示。为了夸张山势，造成高耸的感觉，以增加趣味，台阶的高度也可增至 15cm 以上。

自然石板的台阶

木桩台阶

规则式有垂带的台阶

台阶下面的凹槽能形成阴影，有提示作用

天然露岩上凿成的台阶

树桩台阶

图 2-40　台阶的形式

4. 礓磋

礓磋是指在坡度较大的地段上，一般纵坡超过17%时，本应设台阶，但为了能通过车辆，将斜面做成锯齿形的坡道。常用礓磋的形式和尺寸，如图2-41所示。

图 2-41　常用礓磋的形式和尺寸

5. 蹬道

在地形陡峭的地段，可结合地形或利用露岩设置蹬道。当其纵坡大于60%时，应做防滑处理，且应设扶手栏杆等。

【高手必懂】园路结构设计

一、园路结构设计原则

园路结构设计中的影响因素有：大气中的水分和地面湿度，气温变化对地面的影响，冰冻和融化对路面的危害。

园路结构应具有的特征有：强度与刚度，稳定性，耐久性，表面平整度，表面抗滑性能和少尘性。

二、园路结构设计注意要点

1. 就地取材

园路修建的经费在整个公园建设投资中占有很大的比例。为了节省资金，在园路修建设计时应尽量使用当地材料、建筑废料、工业废渣等。

2. 薄面、强基、稳基土

为了节省水泥石板等建筑材料，降低造价，提高路面质量，应尽量采用薄面、强基、稳基土。使园路结构经济、合理和美观。

三、常见园路结构

按材料不同分为嵌草园路、混凝土园路和砖石园路三大类。

1. 嵌草园路

常见的嵌草园路如图2-42～图2-44所示。

图 2-42　嵌草砖嵌草园路剖面图

注：石缝宽30~50嵌草。

图 2-43　石板嵌草园路剖面图　　　　　　图 2-44　混凝土嵌草园路剖面图

2. 混凝土园路

常见的混凝土园路如图 2-45 ~ 图 2-51 所示。

图 2-45　水泥方砖园路剖面图

图 2-46　透水透气性园路剖面图

250×250×40广场砖
20厚细砂垫层
150厚3:7灰土层
素土夯实

平缘石
30厚1:3水泥砂浆

图2-47　混凝土砖园路铺装剖面图

80~150厚C18混凝土
80~120厚碎石
素土夯实

注：基层可用二渣（水碎渣、散石灰）、三渣（水碎渣、散石灰、道渣）。

图2-48　水泥混凝土园路剖面图

100厚彩色混凝土花砖（彩色表面层20厚）
30厚粗砂
50厚灰土
素土夯实

25厚钢筋混凝土预制块
20厚1:3白灰砂浆
150厚灰土
素土夯实

图2-49　彩色混凝土砖园路剖面图　　　　　图2-50　钢筋混凝土砖园路剖面图

10厚二层柏油表面处理
50厚泥结碎石
150厚碎砖、白灰或煤渣
素土夯实

图2-51　沥青碎石园路剖面图

3. 砖石园路

常见砖石园路如图 2-52 ~ 图 2-57 所示。

图 2-52 石块园路剖面图

40 厚石板
40 厚砂垫层
90 厚混凝土
60 厚灰土
素土夯实

60 厚白色雨花石

500×500×100的C13混凝土方砖
50厚粗砂
一步三七灰土
素土夯实

注：胀缝加10×9.5橡皮条。

图 2-53 方砖园路剖面图

50厚青砖或红砖
30厚灰泥
50厚混凝土
50厚碎石
素土夯实

图 2-54 青（红）砖园路剖面图

图 2-55　卵石嵌花园路剖面图　　　　图 2-56　卵石园路剖面图

图 2-57　红石板弹石园路剖面图

第三节
园路结构施工

【新手必读】施工准备

一、实地勘察

通过实地勘察，熟悉设计场地及周围的情况，对园路、铺地的客观环境进行全面的认识，实地勘察时应注意的几点，如图 2-58 所示。

二、熟悉设计文件

施工前，为了方便编制施工方案，为完成施工任务创造条件，负责施工的单位应组织有关人员熟悉设计文件，园路建设工程设计文件包括初步设计和施工图两部分。

实地勘察时应注意的几点

了解基地现场的地形、地貌情况，并校对图纸

了解园外道路的宽度及场地出入口处园外道路的标高

了解地下管线的分布情况

了解基地内原有建筑物、道路、河池及植物种植情况，要特别注意保护大树和名贵树木

了解基地的土壤、地质情况，地下水位、地面积水情况及原因和范围

图 2-58　实地勘察时应注意的几点

三、编制施工方案

施工方案是指导施工和控制预算的文件。一般的施工方案在施工图阶段的设计文件中已经

确定，但负责施工的单位应作进一步的调查研究，根据工程的特点，结合具体施工条件，编制出更为深入而具体的施工方案。

四、现场准备工作

1）按施工方案确定并搭建好临时工棚。

2）在园路工程涉及的范围内，凡是影响施工的地上、地下的物体，均应在开工前进行清理。对于计划保留的大树，应确定保护措施。

3）建好维持施工车辆通行的便道、便桥。

4）现场备料多指自采材料的组织运输和收料堆放，但外购材料的调运和储存工作也不能忽视。一般开工前材料进场应在70%以上。若有运输能力，运输道路畅通，在不影响施工的情况下可随用随运。自采材料的备置堆放应根据路面结构、施工方法和材料性质而定。

【高手必懂】园路施工技术

一、园路施工测量

1. 恢复中线

（1）道路中线　道路中线即道路的中心线，用于标志道路的平面位置。道路中线在道路勘测设计的定测阶段以中线桩（里程桩）的形式标定在线路上，此阶段的中线测量配合道路的纵、横断面测量，用来为设计提供详细的地形资料，并可以根据设计好的道路，来计算施工过程中需要填挖土方的数量。设计阶段完成后，在进行施工放线时，由于勘测与施工有一定的间隔时间，定测时所设的中线桩可能丢失、损坏或移位，因此，这时的中线测量主要是对原有中线进行复测、检查和恢复，以保证道路按原设计施工。

道路中线的平面线形由直线和曲线组成，如图2-59所示。

图 2-59　道路中线测量示意图

（2）恢复中线的方法　恢复中线是将道路中心线具体恢复到原设计地面上，具体恢复方法如下。

路线交点和转点的恢复

路线的交点（包括起点和终点）是详细测设中线的控制点。一般先在初测的带状地形图上进行纸上定线，然后将图上确定的路线的交点位置标定到实地。定线测量中，当相邻两交点互不通视或直线较长时，需要在其连线上测定一个或几个转点，以便在交点测量转角和直线量距时作为照准和定线的目标。直线上一般每隔200～300m设置一个转点，另外，在路线与其他道路交叉处以及路线上需设置桥、涵等构筑物处，也要设置转点。

路线转角的恢复

在路线的交点处应根据交点前、后的转点或交点，测定路线的转角，通常以测定路线前进方向的角 β 来计算路线的转角，如图 2-60 所示。当角 $\beta < 180°$ 时为右偏角，表示线路向右偏转；当角 $\beta > 180°$ 时为左偏角，表示线路向左偏转。转角的计算公式为：

图 2-60　路线转角的定义

$$\begin{cases} \Delta_R = 180° - \beta \\ \Delta_R = \beta - 180° \end{cases}$$

在角 β 测定以后，直接定出其分角线方向 C，如图 2-60 所示，在此方向上钉临时桩，以作为此后测设道路的圆曲线中点之用。

2. 施工控制桩的测设

由于中桩在施工中要被挖掉，为了在施工中控制中线位置，就需要在不易受施工破坏、便于引用、易于保存桩位的地方测设施工控制桩。施工控制桩的测设方法有两种，如图 2-61 所示。

施工控制桩的测设方法

平行线法

在路基以外测设两排平行于中线的施工控制桩。该方法多用于地势平坦、直线段较长的线路。为了施工方便，控制桩的间距一般取10~20m，如图2-62所示

延长线法

在道路转折处的中线延长线上以及曲线中点（QZ）至交点（JD）的延长线上打下施工控制桩。延长线法多用于地势起伏较大、直线段较短的山地公路。主要控制JD的位置，施工控制桩到JD的距离应量出，如图2-63所示

图 2-61　施工控制桩的测设方法

图 2-62　平行线法测设施工控制桩

图 2-63　延长线法测设施工控制桩

3. 路基边桩的测设

路基施工前，应把路基边坡与原地面相交的坡脚点（或坡顶点）找出来，以便于施工。路基边桩的位置按填土高度或挖土深度、边坡坡度及断面的地形情况而定。常用的路基边桩测设方法有以下两种。

（1）图解法　在勘测设计时，地面横断面图及路基设计断面都已绘在毫米方格纸上，所以当填挖方不是很大时，路基边桩的位置可采用简便的方法求得，即直接在横断面图上量取中桩

至路基边桩的距离，然后到实地用皮尺测设其位置。

（2）解析法

平坦地段路基边桩测设

如图 2-64a 所示，填方路基称为路堤；如图 2-64b 所示，挖方路基称为路堑。路堤路基边桩
至中桩的距离 D 为：

$$D = \frac{B}{2} + mH$$

路堑路基边桩至中桩的距离 D 为：

$$D = \frac{B}{2} + S + mH$$

式中　B——路基设计宽度；

　　　m——路基边坡坡度；

　　　H——填土高度或挖土高度；

　　　S——路堑边沟顶宽度。

根据算得的距离从中桩沿横断面方向量距，打上木桩即得路基边桩。若断面位于弯道上有
加宽或有超高时，按上述方法求出 D 值后，还应在加宽一侧的 D 值上加上加宽值。

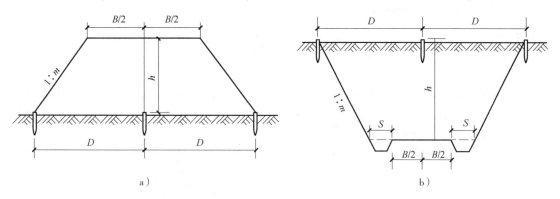

a)

b)

图 2-64　平坦地段路基边桩测设
a）路堤　b）路堑

倾斜地段路基边桩测设

如图 2-65 所示，路基坡脚桩至中桩的距离 D_1、D_2 分别为：

$$\begin{cases} D_1 = \dfrac{B}{2} + S + m\,(H - h_1) \\[2mm] D_2 = \dfrac{B}{2} + S + m\,(H + h_2) \end{cases}$$

如图 2-66 所示，路堑坡顶至中桩
的距离 D_1、D_2 分别为：

$$\begin{cases} D_1 = \dfrac{B}{2} + S + m\,(H + h_1) \\[2mm] D_2 = \dfrac{B}{2} + S + m\,(H - h_2) \end{cases}$$

式中 h_1、h_2 分别为上、下侧坡脚

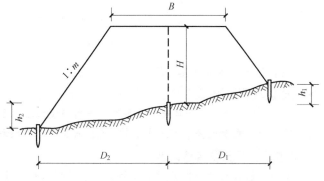

图 2-65　倾斜地段填方路基边桩测设

（或坡顶）至中桩的高差。其中 B、S 和 m 为已知，故 D_1、D_2 随着 h_1、h_2 的变化而变化。由于路基边桩未定，所以 h_1、h_2。均为未知数，实际工作中可采用"逐次趋近法"。

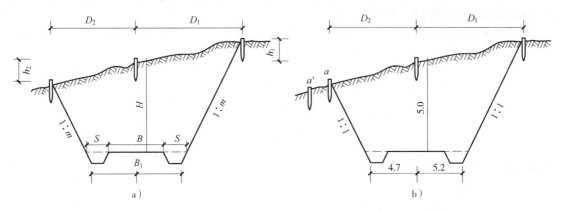

图 2-66　倾斜地段挖方路基边桩测设

a) 倾斜地段挖方路基边桩测设示意图　b) 实例图

4. 路基边坡的测设

（1）竹竿、绳索测设路基边坡

一次挂线

当填土不高时，可按图 2-67a 的方法一次把线挂好。

分层挂线

当路堤填土较高时，采用分层挂线法较好。在每层挂线前应当标定中线，并抄平。如图 2-67b 所示，O 为中桩，A、B 为边桩。先在 C、D 处定杆、带线。C、D 线为水平，$DO_1C = DO_1D$，根据 CD 线的高程和 O 点位置，计算 O_1C 与 O_1D 的距离，使满足填土宽度和坡度的要求。

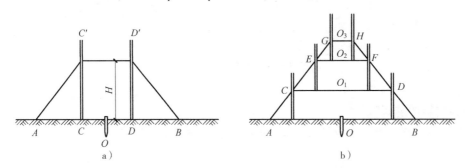

图 2-67　竹竿、绳索测设路基边坡

a) 一次挂线放边坡　b) 分层挂线放边坡

（2）边坡尺测设路基边坡

活动边坡尺测设路基边坡

如图 2-68a 所示，三角板为直角架，一角与设计坡度相同，当水准仪气泡居中时，活动边坡尺的斜边所示的坡度正好等于设计坡度，可依此来指示与检核路堤的填筑，或检查路堑的开挖。

固定边坡样板测设路基边坡

如图 2-68b 所示，在开挖路堑时，于顶外侧按设计角度设定固定样板，施工时可随时指示并检核开挖和修整的情况。

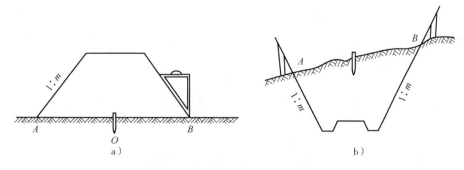

图 2-68　边坡尺测设路基边坡

a）活动边坡尺　b）固定边坡样板

5. 竖曲线的测设

（1）方法　在线路纵坡变更处，应考虑视距要求和行车的平稳，在竖直面内用圆曲线连接起来，这种曲线称为竖曲线。如图 2-69 所示，竖曲线有凹形竖曲线和凸形竖曲线两种。

竖曲线设计时，可根据路线纵断面设计中所设计的竖曲线半径 R 和相邻坡道的坡度 i_1、i_2，计算测设数据。

图 2-69　竖曲线

（2）计算公式　如图 2-70 所示，竖曲线测设元素计算可以用平曲线的计算公式：

$$T = R\tan\frac{\alpha}{2}$$

$$L = R\frac{\alpha}{\rho''}$$

$$E = R\left[\frac{1}{\cos\ (\alpha/2)} - 1\right]$$

但是竖曲线的坡度转角 α 很小，计算公式可以做一些简化。由于：

$$\alpha \approx (i_1 - i_2)\rho'',\ \tan\frac{\alpha}{2} \approx \frac{[\alpha]}{2\rho''}$$

因此

$$T = \frac{1}{2}R(i_1 - i_2)$$

$$L = R(i_1 - i_2)$$

图 2-70　竖曲线测设元素

对于 E 值也可以按下面推导的近似公式计算。由于 $DF \approx CD = E$，$\triangle AOF \backsim \triangle CAF$，所以 $R : AF = AC : CF = AC : 2E$，因此：

$$E = \frac{AC \cdot AF}{2R}$$

又因为 $AF \approx AC = T$，得到：

$$E = \frac{T^2}{2R}$$

同理可导出竖曲线中间各点按直角坐标法测设的纵距（即标高改正值）计算式：

$$y_i = \frac{x_i^2}{2R}$$

上式中 y_i 值在凹形竖曲线中为正号，在凸形竖曲线中为负号。

二、路基施工

路基施工的方法步骤如下。

1. 测量放样

（1）造型复测和固定

1）复测并固定造型及各交点主要控制点，恢复丢失的控制桩。

2）复测并固定为间接测量所布设的控制点，如三角点、导线点等。

3）当路线的主要控制点在施工中有被挖掉或埋掉的可能时，则视当地地形条件和地物情况采用有效的方法进行固定。

（2）路线高程复测 控制桩测好后，应立即将路线各点均匀地进行水平测量，以复测原水准基点标高和控制点地面标高。

（3）路基放样

1）根据设计图表定出各路线中桩的路基边缘、路堤坡脚及路堑坡顶、边沟等具体位置，定出路基轮廓。根据分幅施工的宽度，做好分幅标记，并测出地面标高。

2）路基放样时，在填土没有进行压实前，应考虑预加沉落度，同时考虑修筑路面的路基标高校正值。

3）路基边桩位置可根据横断面图量得，并根据填挖高度及边坡坡度实地测量校核。

4）标出边坡位置，在放完边桩后进行边坡放样。采用麻绳、竹竿挂线法结合坡度样板法，并在放样中考虑预压加沉落度。

5）机械施工中，设置牢固而明显的填挖土石方标志，施工中随时检查，发现被碰倒或丢失立即补上。

2. 挖方

根据测放出的高程，使用挖土机械挖除路基以上的土方，一部分土方经检验合格用于填方，余土运到相关单位指定的弃土场。

3. 填筑

填筑材料利用路基开挖出的可作为填方的土、石等适用材料。作为填筑的材料，应先做试验，并将试验报告及其施工方案提交监理工程师批准。其中路基采用水平分层填筑，最大层厚不超过30cm，水平方向逐层向上填筑，并形成2%～40%的横坡以便于排水。

4. 碾压

采用振动压路机碾压，碾压时横向接头的轮迹，重叠宽度为40～50cm，前后相邻两区段纵向重叠1～1.5m；碾压时做到无漏压、无死角并保证碾压均匀。碾压时，先压边缘，后压中间；

先轻压，后重压。填土层在压实前应先整理平整，并应做 20% ~ 40% 的横坡。当路堤铺筑到结构物附近的地方，或铺筑到无法采用压路机压实的地方，应使用人工夯锤予以夯实。

三、垫层施工

垫层是承重和传递荷载的构造层。垫层工程的内容包括底层平整及原材料处理、洒水拌和、分层铺筑、找平压实、养护、砂浆调制运输等过程。灰土垫层、砂垫层、天然级配砂垫层、素混凝土垫层的施工要点如下。

1. 灰土垫层

用消石灰和黏土（或粉质黏土、粉土）的拌和料铺筑而成，应铺在不受地下水浸湿的基土上，其厚度一般不小于 100mm。

材料要求：消石灰应采用生石灰块，使用前 3 ~ 4 天予以消解，并加以过筛，其粒径不得大于 5mm，不得夹有未熟化的生石灰块，也不得含有过多水分；土料直接采用就地挖出的土，不得含有有机杂质，使用前应过筛，其粒径不得大于 15mm；灰土的配合比（体积比）一般为 2:8 或 3:7。

灰土拌和料应保证比例准确、拌和均匀、颜色一致，拌好后及时铺筑夯实；应适当控制含水量；应分层铺平夯实，每层虚铺厚度一般为 150 ~ 250mm，夯实到 10 ~ 150mm；人工夯实可采用石夯或木夯，夯重 40 ~ 80kg，路高 400 ~ 500mm，一夯压半夯；每层灰土的夯打遍数应根据设计要求的干密度在现场试验确定；上下两层灰土的接缝距离不得小于 500mm，在施工间歇后和继续铺筑前，接缝处应清扫干净，并应重叠夯实；夯实后的表面应平整，经适当晾干后，才能进行下道工序的施工；灰土的质量检查宜用环刀（环刀体积不小于 200cm³）取样，测定其干密度。

2. 砂垫层

砂垫层的厚度不应小于 60mm。

材料要求：砂中不得含有草根等有机杂质，冻结的砂不得使用。

用表面振捣器捣实时，每层虚铺厚度为 200 ~ 500mm，最佳含水量为 15% ~ 20%，要使用振捣器往复振捣；用内部振捣器捣实时，每层虚铺厚度为振捣器的插入深度，最佳含水量为饱和，振捣时振捣器不应捣到基土上，振捣完毕后，所留孔洞要用砂填塞；用木夯或机械夯实时，每层虚铺厚度为 150 ~ 200mm，最佳含水量为 8% ~ 12%，一夯压半夯全面压实；用压路机碾压时，每层虚铺厚度为 250 ~ 300mm，最佳含水量为 8% ~ 12%，要往复碾压；砂垫层的质量检查可用容积不小于 200cm³ 的环刀取样，测定其密度，以不小于该砂料在中密状态下的干密度数值为合格，中砂在中密状态的干密度一般为 1.55 ~ 1.60g/cm³。

3. 天然级配砂石垫层

天然级配砂石垫层是用天然砂石铺筑而成，其厚度不小于 100mm。

材料要求：砂和石子中不得含有草根等有机杂质，冻结的砂和冻结的石子均不得使用；石子的最大粒径不得大于垫层厚度的 2/3。

用表面振捣器捣实时，每层虚铺厚度为 200 ~ 250mm，最佳含水量为 15% ~ 20%，要使振捣器往复振捣；用内部振捣器捣实时，每层的虚铺厚度为振捣器的插入深度，最佳含水量为饱和，插入间距应按振捣器的振幅大小决定，振捣时不应插至基土上，振捣完毕后，所留孔洞要用砂塞填；用木夯或机械夯实时，每层虚铺厚度为 150 ~ 200mm，最佳含水量为 80% ~ 12%，要一夯压半夯全面压实；用压路机碾压时，每层的虚铺厚度为 250 ~ 350mm，最佳含水量为 8% ~ 12%，要往复碾压；砂石垫层的质量检查可在垫层中设置纯砂检查点，在同样的施工条件下，按砂石垫层的质量检查方法及要求进行检查。

4. 素混凝土垫层

水泥可采用硅酸盐水泥、普通硅酸盐水泥、炉渣硅酸盐水泥、火山灰质硅酸盐水泥和粉煤灰硅酸盐水泥；砂、石的质量应符合《普通混凝土用砂、石质量及检验方法标准》（JGJ 52—2006），石的粒径不得大于垫层厚度的1/4；水宜用饮用水。

混凝土的配合比应通过计算和试配决定，混凝土浇筑时的坍落度宜为1～3cm；混凝土应拌和均匀；浇筑混凝土前，应消除淤泥和杂物，如基土为干燥的非黏性土，应用水湿润；捣实混凝土宜采用表面振捣器，表面振捣器的移动间距应能保证振捣器的平板覆盖已振实部分的边缘，每一振点应使混凝土表面呈现浮浆和不再沉落；垫层边长超过3m的应分仓进行浇筑，其宽度一般为3～4m。分格缝应结合变形缝的位置，按不同材料的地面连接处和设备基础的位置等划分；混凝土浇筑完毕后，应在12h以内用草帘加以覆盖和浇水，浇水次数应能保持混凝土具有足够的润湿状态，浇水养护日期不少于7天；混凝土强度达到1.2MPa后，才能在其上做面层。

四、基层铺筑

1. 干结碎石基层

（1）准备工作　清理路槽内的浮土、杂物，对于出现的个别坑槽等应予以修理；补钉沿线边桩、中桩，以便随时检查标高、宽度、路拱；在备料中，应注意材料的质量，大、小料应分别整齐堆放在路外料场或路肩上。

（2）施工程序　如图2-71所示。

图2-71　干结碎石基层的施工程序

1）摊铺碎石的虚厚度为压实厚度的1.1倍左右。使用平地机摊铺，根据虚厚度不同，每30～50m做一个1～2m的标准断面宽，洒上石灰粉，汽车即可按每车铺料的面积进行卸料。然后用平地机将料先摊开，最后用平地机将料刮平，按碎石虚厚和路拱横坡确定刀片角度。若为7m宽的路面，则一边刮一刀即可。不平处可通过人工整修找平。若为人工摊铺，可用几块与虚厚度相等的木块或砖块放在路槽内，以标定摊铺厚度，木块或砖块可随铺随挪动。摊铺碎石应一次上齐。使用铁叉上料，要求大小颗粒均匀分布。纵横断面应符合要求，厚度一致。料底尘土要清理出去。

2）先用10～12t压路机碾压，碾速宜慢，每分钟25～30m，后轮重叠宽1/2，先沿整修过的路肩一齐碾压，往返压两遍，即开始自路面边缘压至中心。碾压一遍后，用路拱板及小线绳检验路拱的平整度。局部不平处，要去高垫低。去高是指将多余的碎石均匀拣出，不得用铁锹集中挖除；垫低是指将低洼部分挖松，均匀地铺撒碎石，至符合标高后，洒少量水，再继续碾压，至碎石初步稳定无明显移位为止。这个阶段一般需碾压 3 ~ 4 遍。

3）将粗砂或灰土（石灰剂量的 8% ~ 12%）均匀撒在碎石层上，用竹扫帚扫入碎石缝内，然后用洒水车或喷壶均匀洒一次水。水流冲出的空隙再以砂或灰土填充，至不再有空隙并露出碎石尖为止。

4）用 10 ~ 12t 压路机继续碾压，碾速稍快，每分钟 60 ~ 70m，一般需碾压 4 ~ 6 遍（视碎石软硬而定），切忌碾压过多，以免石料过碎。

5）大块碎石压实后，立即用 10 ~ 21t 压路机进行碾压，一般需碾压 2 ~ 3 遍，碾压至表面平整、稳定且无明显轮迹为止。

6）扫匀嵌缝料后，立即用 10 ~ 21t 压路机进行碾压，一般需碾压 2 ~ 3 遍，碾压至表面平整稳定且无明显轮迹为止。

2. 天然级配砂石

（1）准备工作　检查和整修运输砂石的道路。对于沿线已遗失或松动的测量桩橛要进行补钉；并检查砂石的质量和数量。用平地机摊铺时，砂石可在料场选好后，用汽车或其他运输工具随用随运，也可预先备在路边上。若为人工摊铺，可将其按条形堆放在路肩上。

（2）施工程序　如图 2-72 所示。

图 2-72　天然级配砂石的施工程序

1）铺砂石前，最好根据材料的干湿情况，在料堆上适当洒水，以减少摊铺粗细料分离的现象。虚铺厚度根据颗粒级配、干湿情况，一般为压实厚度的 1.2 ~ 1.4 倍。

2）每 30 ~ 50m 做一标准断面，宽 1 ~ 2m，洒上石灰粉，以便平地机司机准确下铲。汽车或其他运输工具把砂石料运来后，根据虚铺厚度和路面宽度按每种料应铺的面积进行卸料。然后用平地机摊铺和找平。平地机一般先从中间开始下正铲，两边根据路拱大小下斜铲。由铲刀刮起的成堆石子，小的可以扬开，大的可用人工挖坑深埋，刮 3 ~ 5 遍即可。

3）人工摊铺时，每 15 ~ 30m 做一标准断面或用几块与虚铺厚度相等的木块、砖块控制摊铺厚度，随铺随挪动。要求均匀摊铺砂石。如发现粗细颗粒分别集中，应掺入适当的砂或砾石。

4）摊铺完一段（200 ~ 300m）后用洒水车洒水（无洒水车时，用喷壶代替），洒水量以使砂石全部湿润又不致路槽发软为度，用水量一般在 5% ~ 8%。冬季为防止冰冻，可少洒水或洒盐水（水中掺入 5% ~ 10% 的氯盐，根据施工气温确定掺量）。

5）洒水后待表面稍干后，即可用 10 ~ 12t 压路机进行碾压。碾速为 60 ~ 70m/min，后轮重叠 1/2，碾压方法与石块碎石同。碾压 1 ~ 3 遍初步稳定后，用路拱板及小线检查路拱及平整度，并及时去高垫低。一般以"宁低勿高"为原则。找补坑槽要求一次打齐，不要反复多次进行。如发现个别地方砂砾或石子成堆，应将其挖出，重新调整级配后再铺筑。为防止砂石松散，在推移碾压过程中应注意随时洒水，保持砂石湿润。一般碾压 8~10 遍，压至砂石密实稳定、无明显轮迹为止。

6）碾压完成后，可立即开放交通，但为避免松散，要限制车速，控制行车，全幅均匀碾压，并派专人洒水养护，使基层表面经常处于湿润状态。

五、结合层铺筑

在完成的路面基层上，重新定点、放线，每 10m 为一施工段落，根据设计标高、路面宽度定边桩、中桩，打好边线、中线。设置整体现浇路面边线处的施工挡板，确定砌块路面的列数及拼装方式，将面层材料运入施工现场。一般用 M7.5 水泥、白灰、混合砂浆或 1:3 白灰砂浆。砂浆摊铺宽度应大于铺装面 5~10cm 左右，已拌好的砂浆应当日用完，也可用 3~5cm 的粗砂均匀摊铺而成。用特殊的石材铺地时，如整齐石块和条石块，结合层应采用 M10 水泥砂浆。

六、面层铺筑

在完成的路面基层上，重新定点、放线，每 10m 为一施工段，根据设计标高、路面宽度、定边桩、中桩，打好边丝、中线。设置整体现浇路面边线处的施工挡板，确定砌块路面的列数及拼装方式，将面层材料运入施工现场。

1. 水泥面层的装饰施工

水泥面层的装饰施工方法有很多种，要按照设计的路面铺装方式来选用合适的施工方法。常见的施工方法及其施工技术要领主要有普通抹灰与纹样处理、露骨料饰面、彩色水泥饰面以及彩色水磨石饰面。

（1）普通抹灰与纹样处理

滚花

用钢丝网做成的滚桶，或者用模纹橡胶裹在 300mm 直径铁管外做成滚桶，在经过抹面处理的混凝土面板上滚压出各种细密纹理，滚桶长度在 1m 以上比较合适，如图 2-73 所示。

压纹

利用一块边缘有许多整齐凸点或凹槽的木板或木条，在混凝土抹面层上挨着压下，一面压一面移动，就可以将路面压出纹样，起到装饰作用。用这种方法时要求抹面层的水泥砂浆含砂量较高，水泥与砂的配合比可为 1:3，如图 2-74 所示。

图 2-73　滚花　　　　　　　　　　　　图 2-74　压纹

锯纹

在新浇的混凝土表面，用一根直木条如同锯割一般来回动作，一边锯一边前移，就能够在路面锯出平行的直纹，有利于路面防滑，又有一定的路面装饰作用。

刷纹

最好使用弹性钢丝做成的刷纹工具。刷子宽 450mm，钢丝刷毛长 100mm 左右，木把长 1.2 ~ 1.5m。用这种钢丝在未硬化的混凝土面层上可以刷出直纹、波浪纹或其他形状的纹理，如图 2-75 所示。

图 2-75　刷纹

（2）露骨料饰面　采用这种饰面方式的混凝土路面和混凝土铺砌板，其混凝土应该用粒径较小的卵石配制。混凝土露骨料主要是采用刷洗的方法，在混凝土浇好后 2 ~ 6h 内就应进行处理，最迟不超过浇好后的 16 ~ 18h。刷洗工具一般用硬毛刷子和钢丝刷子。刷洗应当从混凝土板块的周边开始，同时用充足的水把刷掉的泥砂洗去，把每一粒暴露出来的骨料表面都洗干净。刷洗后 3 ~ 7 天内，再用 10% 的盐酸水洗一遍，使暴露的石子表面色泽更明净，最后还要用清水把残留的盐酸完全冲洗掉，如图 2-76 所示。

a）

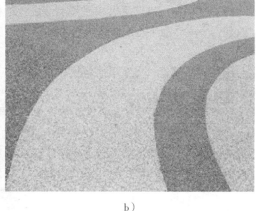

b）

图 2-76　露骨料饰面

（3）彩色水泥饰面　彩色水泥饰面的抹面层所用的水泥砂浆，可通过添加颜料来调制成彩色水泥砂浆，用这种材料可做出彩色水泥饰面。彩色水泥调制中使用的颜料须选用耐光、耐碱、不溶于水的无机矿物颜料，如红色的氧化铁红、黄色的柠檬铬黄、绿色的氧化铬绿、蓝色的钴蓝和黑色的炭黑等，如图 2-77 所示。

（4）彩色水磨石饰面　彩色水磨石饰面是用彩色水泥石子浆罩面，再经过磨光处理而成的装饰性路面。按照设计，在平整后已基本硬化的混凝土路面面层上，弹线分格，用玻璃条、铝合金条（或铜条）作为分格条。然后在路面上刷上一道素水泥浆，再以 1:1.25 ~ 1:1.50 彩色水泥石子浆铺面，厚为 0.8 ~ 1.5cm。铺好后拍平，表面用滚筒压实，待出浆后再用抹子抹面，如图 2-78 所示。

图 2-77　彩色水泥饰面

图 2-78　彩色水磨石饰面

2. 混凝土面层施工

（1）准备工作　核实、检验和确认路面中心线、边线及各设计标高点的正确与否。

（2）钢筋网的绑扎　若是钢筋混凝土面层，则按设计选定钢筋并编扎成网。钢筋网应在基层表面以上架离，架离高度应距混凝土面层顶面 50mm。钢筋网接近顶面设置要比在底部加筋更能防止混凝土表面开裂，也更便于充分捣实混凝土。

（3）材料的配制、浇筑和捣实　按设计的材料比例配制、浇筑、捣实混凝土，并用长 1m 以上的直尺将顶面刮平。顶面稍干一点，再用抹灰砂板抹平至设计标高。施工中要注意做出路面的横坡与纵坡。

（4）养护管理　混凝土面层施工完成后应即时开始养护，养护期应为 7 天以上，冬期施工后的养护期应更长些。可用湿的织物、稻草、锯木粉、湿砂及塑料薄膜等覆盖在路面上进行养护。冬季寒冷，养护期中要经常用热水浇洒，要对路面进行保温。

（5）路面装饰　路面要进一步进行装饰的，可按下述的水泥路面装饰方法继续施工。不再做路面装饰的，则待混凝土面层基本硬化后用锯割机每隔 7 ~ 9m 锯缝一道，作为路面的伸缩缝（伸缩缝也可在浇筑混凝土之前预留）。

3. 块料类面层施工

湿铺筑法

用厚度为 15 ~ 25mm 的湿性结合材料，如 1:2.5 或 1:3 水泥砂浆、1:3 石灰砂浆、M2.5 混合砂浆或 1:2 灰泥浆等黏结，在面层之下作为结合层，然后在其上砌筑片状或块状贴面层。砌块之间的结合以及表面抹缝也可用这些结合材料。用花岗石、釉面砖、陶瓷广场砖、碎拼石片、陶瓷锦砖等材料铺地时，一般采用湿铺筑法砌筑，如图 2-79 所示。

图 2-79　湿铺筑法

干铺筑法

干铺筑法是以干粉砂材料作为路面面层砌块的垫层和结合层，如用干粉砂、细砂土、1:3 水泥干砂、3:7 细灰土等作为结合层。砌筑时，先将干粉砂材料在路面基层平铺一层，其厚度为：干粉砂、细砂土 30～50mm，水泥干砂、石灰干砂、细灰土 25～35mm。铺好后找平，然后按照设计的砌块拼装图案，在垫层上拼砌成路面面层。路面每拼装好一小段，就用平直木板垫在顶面，以铁锤在多处震击，使所有砌块的顶面都保持在一个平面上，这样可

图 2-80　干铺筑法

将路面铺筑得十分平整。路面铺好后，再用干燥的细砂土、水泥粉、细石灰粉等撒在路面并扫入砌块缝隙中，使缝隙填满，最后将多余的灰土清扫干净。而后，砌块下面的垫层材料会慢慢硬化，使面层砌块和下面的基层紧密地结合成一体。适宜采用这种干铺筑法砌筑的路面材料主要有石板、整形石块、预制混凝土方砖和砌块等，如图 2-80 所示。

4. 碎石面层施工

（1）准备工作　施工前，要根据设计的图样，准备镶嵌地面用的砖石材料。设计有精细图形的，先要在质地细密的青砖上放好大样，再细心雕刻，做好雕刻花砖，施工时嵌入铺地图案中。为方便铺地拼花时使用，要精心挑选铺地用的石子，挑选出的石子应按照不同颜色、大小和形状分类堆放。

（2）施工过程

1）先在已做好的道路基层上铺垫一层垫层结合材料，厚度一般为 40～70mm。垫层结合材料主要用 1:3 石灰砂、3:7 细砂土、1:3 水泥砂等，用干铺筑法砌筑或湿铺筑法砌筑都可以，但干铺筑法施工更方便。

2）在铺平的松软垫层上，按照预定的图样开始镶嵌拼花。一般用立砖、小青瓦瓦片拉出线条、纹样和图形图案，再用各色卵石、砾石镶嵌做出花形，或者拼成不同颜色的色块，以填充图形大面。然后，经过进一步修饰和完善图案纹样，并尽量整平铺地后，就可以定稿。定稿后的铺装地面，仍要用水泥干砂、石灰干砂撒布其上，并扫入砖石缝隙中填实。

3）最后，除去多余的水泥干砂、石灰干砂，并清扫干净；再用细孔喷壶对地面喷洒清水，稍使地面湿润即可，不能使大量水冲击或使路面有水流淌。完成后，养护 7～10 天。

（3）铺卵石路　一般分预制和现场浇筑两种。现场浇筑方法是：先垫 M7.5 号水泥砂浆 3cm 厚，再铺水泥素浆 2cm 厚。待素浆稍凝，即用备好的卵石，一个个插入素浆内，用抹子压实，卵石要扁、圆、长、尖，大小搭配。根据设计要求，将各色石子拼出各种花卉、鸟兽图案，然后用清水将石子表面的水泥刷洗干净，第二天可再以水重的 30% 掺入草酸液体，洗刷表面，使石子颜色鲜明。铺筑卵石路做法如图 2-81 所示。

5. 嵌草面层施工

无论用预制混凝土铺路板、空心砌块、实心砌块，还是用顶面平整的乱石、整形石块或石板，都可以铺砌成砌块嵌草路面。嵌草路面做法如图 2-82 所示。

40~60厚φ20~40卵石层
150厚碎石垫层灌25号混合砂浆（少量），顶面嵌固卵石
素土夯实

40~60厚φ20~40卵石层
150厚碎石垫层灌25号混合砂浆（少量），顶面嵌固卵石
素土夯实（土基压实度＞96%）

a)

b)

50厚C25细石混凝土表面嵌优质卵石粒径φ30~50
60厚C15素混凝土
150厚6%水泥石粉渣
素土夯实

粒径φ40~100优质卵石（表面光滑）
200厚白石子
200厚粉砂
素土夯实

c)

d)

栽卵石面层
水泥砂浆结合层
100厚C15混凝土
碎石垫层
素土夯实

50厚细石混凝土嵌砌白色卵石面层粒径40~60原浆勾缝
30厚粗砂垫层
50厚C10混凝土垫层
150厚3:7灰土
素土夯实

e)

f)

图2-81 铺筑卵石路做法

40~60厚φ20~40卵石层
150厚碎石垫层灌25号混合砂
浆（少量），顶面嵌固卵石
素土夯实

φ10@200双向

2φ10

C15素混凝土垫层

g）

图 2-81 铺筑卵石路做法（续）

水洗石面层
水磨石面层

φ10@200

混凝土预制块
（面层斩假）

30厚花岗石面层
30厚水泥砂浆
100厚混凝土基层
100厚碎石垫层
素土夯实

400宽嵌草带

混凝土基座
40厚混凝土找平层
120厚碎石垫层
素土夯实

a）

50厚青石板
素土夯实

种植土

b）

110厚预制混凝土块
30厚粗砂
200厚碎石
土基（夯实）

植草

c）

图 2-82 嵌草路面做法

图 2-82　嵌草路面做法（续）

施工过程：

（1）先在整平压实的路基上铺筑一层栽培壤土作为垫层，壤土要求比较肥沃，不含粗颗粒物，厚度为 100～150mm。

（2）在垫层上铺筑混凝土空心砌块或实心砌块，在砌块预留的草缝中半填壤土，并播种草籽。

1）实心砌块的尺寸较大，草皮嵌种在砌块之间预留的草缝中。草缝设计宽度可在 20～50mm 之间，草缝中填土达砌块的 2/3 高。砌块下面用壤土作为垫层并起找平作用，砌块要铺筑得尽可能平整。实心砌块嵌草路面上，草皮形成的纹理是线网状的。

2）空心砌块的尺寸较小，草皮嵌种在砌块中心预留的孔中。砌块与砌块之间不留草缝，常用水泥砂浆黏结。砌块中心孔填土也为砌块的 2/3 高；砌块下面仍用壤土作为垫层并起找平作用，使嵌草路面保持平整。空心砌块嵌草路面上，草皮呈点状而有规律地排列。注意空心砌块的设计制作，一定要确保砌块的结实坚固和不易损坏，因此预留孔径不能太大，孔径最好不超过砌块直径的 1/3 长。

采用砌块嵌草铺装的路面，砌块和嵌草层是道路的结构面层，下面只能有一个壤土垫层，在结构上没有基层，只有这样的路面结构才有利于草皮的存活与生长。

6. 沥青面层施工

（1）下封层施工　认真按验收规范对基层严格验收，如果有不合要求的地段应按要求进行处理，认真对基层进行清扫，并用森林灭火器吹干净。在摊铺前对全体施工技术人员进行技术交底，明确职责，责任到人，使每个施工人员都对自己的工作心中有数。采用汽车式洒布机进行下封层施工。

（2）沥青混合料的拌和　沥青混合料由间隙式拌和机拌和，骨料加热温度应控制在 175～190℃之间，后经热料提升斗运至振动筛，经 33.5mm、19mm、13.2mm、5mm 四种不同规格的筛网筛分后储存到五个热矿仓中去。

沥青采用导热油加热至 160～170℃，五种热料及矿粉和沥青用料经生产配合比设计确定，最后吹入矿粉进行拌和，直到沥青混合料均匀一致，所有矿料颗粒全部裹覆沥青，结合料无花料，无结团或块或严重粗料细料离析的现象为止。沥青混凝土的拌和时间由试拌确定，出厂的沥青混合料温度应严格控制在 155～170℃之间。

（3）热拌沥青混合料运输　汽车从拌和楼向运料车上放料时，每卸一斗混合料应挪动一下汽车的位置，以减少粗细骨料的离析现象。混合料运输车的运量较拌和或摊铺速度有所富余，施工过程中应在摊铺机前方30cm处停车，不能撞击摊铺机。卸料过程中应挂空档，靠摊铺机的推进前进。沥青混合料的运输必须快捷、安全，使沥青混合料到达摊铺现场的温度在145～165℃之间，并对沥青混合料的拌和质量进行检查，当来料温度不符合要求或料仓结团、遭雨淋湿时不得铺筑在道路上。

（4）沥青混合料的摊铺

1）用摊铺机进行双层摊铺，上下两层错缝0.5m，摊铺速度应控制在2～4m/min。沥青下层摊铺采用拉钢丝绳的方法来控制标高及平整度，上层摊铺采用平衡梁装置，以确保摊铺厚度及平整度。摊铺速度按设置速度均衡行驶，不得随意变换速度及停机，松铺系数根据试验段确定。正常摊铺温度应在140～160℃之间。另在上层摊铺时，纵横向接缝口应钉立4cm厚木条，确保接缝口顺直。

2）摊铺过程中对于道路上的窨井，在底层料进行摊铺前应用钢板进行覆盖，以防止在摊铺过程中遇到窨井而抬升摊铺机，确保路面的平整度。在摊铺细料前，应把窨井抬至实际摊铺高程。窨井的抬法应根据底层料的摊铺情况及细料的摊铺厚度结合摊铺机摊铺时的路况来调升，以确保窨井与路面的平整度，不致出现跳车情况。对于细料摊铺过后积聚在窨井上的粉料应用小铲子铲除，清扫干净。

3）对于路头的摊铺尽可能避免人工作业，而采用LT6E小型摊铺机进行摊铺，以确保平整度及沥青混合料的均匀度。

4）摊铺时对于平石边应略离于平石3mm，至少保平，对于搭接在平石上的混合料应用铲子铲除，并用推耙推齐，保持平整。

（5）沥青混合料的碾压　沥青混合料的碾压按初压、复压和终压（包括成形）三个阶段进行。压路机应以慢而均匀的速度碾压。

沥青混合料的初压需符合要求：

1）沥青混合料摊铺时应在较高温度下进行，并不得产生推移、发裂，压实温度根据沥青稠度、压路机类型、气温铺筑层厚度、沥青混合料类型经试铺试压确定。

2）从外侧向中心碾压相邻碾压带应重叠1/3～1/2轮宽，最后碾压路的中心部分，压完全幅为一遍，当边缘有挡板、路缘石、路肩等支档时，应紧靠支档碾压，当边缘无支档时，可用耙子将边缘的沥青混合料稍稍耙高，然后将压路机的外侧轮伸出边缘10cm以上进行碾压。

3）碾压时将驱动轮面向摊铺机，碾压路线及碾压方向不能突然改变，以免导致沥青混合料产生推移，压路机起动、停止时必须减速缓慢进行。

复压紧接在初压后进行。复压采用轮胎式压路机，碾压遍数应经试压确定，不少于4～6遍，以达到要求的压实度，并无显著轮迹。

终压紧接在复压后进行。终压选用双轮钢筒式压路机碾压，不少于两遍，并无轮迹。采用钢筒式压路机时，相邻碾压带应重叠后轮1/2的宽度。

（6）接缝、修边

1）摊铺时采使用梯队作业的纵缝采用热接缝。施工时，将已铺混合料的部分留下10～20cm宽暂不碾压，作为后摊铺部分的高程基准面，最后再进行跨缝碾压以消除缝隙。

2）半幅施工不能采用热接缝时，应设挡板或采用切刀切齐。摊铺另半幅前必须将接缝边缘清扫干净，并涂洒少量黏层沥青。摊铺时，应重叠在已铺层上5～10cm，摊铺后，用人工将摊铺在前半幅上面的混合料铲走。碾压时，先在已压实的路面上行走，碾压新铺层 10 ~ 15cm，然后压实新铺部分，再超过已压实路面的 10 ~ 15cm，并充分将接缝压实紧密。上下层的纵缝错开 0.5m，表层的纵缝应顺直，且留在车道的画线位置上。

3）相邻两层及上下层的横向接缝均错位 1m 以上。上下层的横向接缝可采用斜接缝；上层应采用垂直的平接缝。铺筑接缝时，可在已压实部分的上面铺些热混合料使之预热软化，以加强新旧混合料的黏结。但必须在开始碾压前将预热用的混合料铲除。

4）平接缝应做到紧密黏结，充分压实，连接平顺。其施工方法：在施工结束时，将摊铺机在接近端部约 1m 处将熨平板稍稍抬起驶离现场，用人工将端部混合料铲齐后再予碾压，然后用 3m 的直尺检查平整度，趁尚未冷透时垂直刨除端部平整度或层厚不符合要求的部分，使下次施工时呈直角连接。

5）从接缝处继续摊铺混合料前应用 3m 立尺检查端部平整度，当不符合要求时，予以清除。摊铺时应控制好预留高度，接缝处摊铺层施工结束后再用 3m 直尺检查平整度，当不符合要求时，应趁混合料尚未冷却时立即处理。

6）横向接缝的碾压应先用双轮钢筒式压路机进行横向碾压。碾压带的外侧放置供压路机行驶的垫木，碾压时压路机位于已压实的混合料层上，伸入新铺层的宽度为 15cm，然后每压一遍向新铺层移动 15 ~ 20cm，直至全部在新铺层上为止，再改为纵向碾压。当相邻摊铺层已经成形，同时又有纵缝时，可先用双轮钢筒式压路机沿纵缝碾压一遍，其碾压宽度为 15 ~ 20cm，然后再沿横缝进行横向碾压，最后进行正常的纵向碾压。

做完的摊铺层外露边缘应准确到要求的线位。将修边切下的材料及其他的废弃沥青混合料从路面上清除。

七、附属工程施工

1. 路缘石施工技术

(1) 路缘石的做法　几种路缘石的做法如图 2-83 所示。

图 2-83　几种路缘石的做法

a）常规路缘石做法详图

图 2-83 几种路缘石的做法（续）

b）车行道与人行道交接处路缘石做法详图　c）混凝土路缘石做法详图　d）种植槽路缘石做法详细

（2）路缘石设置施工要点　在公共车道与步行道分界处设置路缘石，一般利用混凝土制"步行道车道分界路缘石砖"，设置高 15cm 左右的街渠或 L 形边沟。如果在建筑区内，街渠或边沟的高度则为 10cm 左右。区分路面的路缘石，要求铺筑高度统一、整齐，路缘石一般采用"地界路缘石砖"。铺设在建筑物入口处的路缘石可采用与路面材料搭配协调的花砖或石料铺筑。在混凝土路面、石路面、花砖路面等与绿地的交界处可不设路缘石。但对沥青路面，为确保其施工质量，则应当设置路缘石。

（3）施工要点　路缘石的施工要点，如图 2-84 所示。

图 2-84　路缘石的施工要点

2. 明渠和雨水井施工技术

（1）明渠　明渠一般采用砖、卵石、石板、混凝土砖等材料砌筑而成。土质明渠按设计挖好后，应对渠底及边坡适当夯压。砖（或块石）砌明渠，按设计将沟槽挖好后，充分夯实。通常以 MU7.5 砖（或 80～100mm 厚块石）用 M2.5 水泥砂浆砌筑，砂浆应饱满，表面平整、光洁。

（2）雨水井　雨水井是一般道路最为常用的排水方式，排水速度快，对路面影响较小。雨水井排水口通常与道路持平

图 2-85　有（无）沉泥池的雨水井

或略低于路面，地基下铺筑专用排水管道，顶部覆井盖，起分隔遮挡杂物和安全防护的作用。常见的雨水井可分为渗水井和集水井两种，如图 2-85、图 2-86 所示。

图 2-86　雨水井算子及塑石井盖

3. 台阶施工技术

各种台阶的结构如图 2-87 所示。

钢筋混凝土块
水泥砂浆结合层
混凝土结构层
素混凝土垫层
素土夯实

150

375

a)

毛石踏步
混凝土结构
素混凝土垫层
素土夯实

1350

3500

b)

图 2-87　各种台阶的结构

a) 钢筋混凝土台阶剖面图　b) 毛石台阶剖面图

图 2-87 各种台阶的结构（续）

c）大理石台阶剖面图 d）花岗石台阶剖面图 e）青石板台阶剖面图

图 2-85 各种台阶的结构（续）

f) 砂岩台阶剖面图

台阶工程的内容包括：模板制作、安装、拆装、码垛、混凝土搅拌、运输、浇捣、养护、基础清理、材料运输、砌浆调制运输、砌筑砖石、抹面压实、赶光、剁斧等，具体内容如下。

（1）模板制作 模板是新浇筑混凝土成型用的模型。由于水泥、砂石、水及外加剂经过搅拌机拌出的混凝土具有一定的流动性，需要浇筑在与构件形状尺寸相同的模型内，经过凝结硬化，才能成为所需要的构件。模板就是使钢筋混凝土结构或构件成型的模型。

预制木模板应注意刨光，配制木模板时，要考虑模板拼装接合的需要，适当加长或缩短一部分长度。拼制木模板，板边要找平、刨直，接缝严密，使其不漏浆。木料上有节疤、缺口等疵病的部位，应放在模板反面或者截去。备用的模板要遮盖保护，以免变形。

（2）模板的安装和拆装 模板的安装和拆装要求最省工，机械使用最低，混凝土质量最好，收到最高的经济效益。拆模后注意将模板集中堆放，不仅利于管理，而且便于后续的运输工作顺利进行。场外运输在模板工程完工后统一进行，以便于节约运费。

（3）浇捣、养护 浇捣指浇筑捣实，将拌和好的混凝土拌合物放在模具中经人工或机械振捣，使其密实、均匀。养护是指在混凝土浇筑后的初期，在凝结硬化的过程中进行湿度和温度控制，以利于混凝土达到设计要求的物理力学性能。

（4）基础清理 清理基层上存在的一些有机杂质和粒径较大的物体，以便进行下一道工序。

（5）材料运输 将调配好的材料运到施工场地。

（6）砌筑砖石 砌筑用砖如图 2-88 所示，砌筑用石如图 2-89 所示。

图 2-88　砌筑用砖

图 2-89　砌筑用石

（7）抹面　将水泥浆面层抹平。

（8）台阶　混凝土台阶是用现浇混凝土浇筑的踏步形成的台阶；砌机砖台阶是用标准机制砖与水泥砂浆砌筑而成的台阶；砌毛石台阶是选用合适的毛石、用水泥砂浆砌筑而成的台阶。

4. 阶梯和磴道的施工技术

常见的踏步类型有四种，如图 2-90 所示。

砖石阶梯踏步

砖石阶梯踏步是以砖或整形毛石为材料，用 M2.5 混合砂浆砌筑的台阶与踏步，砖石踏步表面按设计可用 1:2 水泥砂浆抹面，也可做成水磨石踏面，或者用花岗石、防滑釉面地砖作为贴面

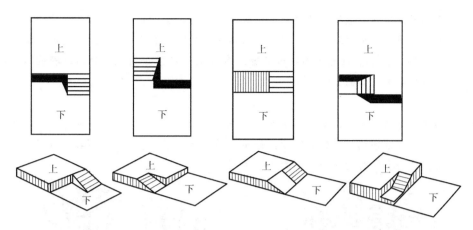

图 2-90 踏步的四种类型

装饰。根据行人在踏步上行走的规律，一步踏的踏面宽度应设计为 28 ~ 38cm，适当再加宽一点也可以，但不宜宽过 60cm；二步踏的踏面可以宽 90 ~ 100cm。每一级踏步的宽度尽量一致，每一级踏步的高度也要统一。一级踏步的高度一般情况下为 10 ~ 16.5cm。低于 10cm 时行走不安全，高于 16.5cm 时行走较吃力。儿童活动区的梯级道路，其踏步高度应为 10 ~ 12cm，踏步宽度不超过 46cm。一般情况下，园林中的台阶梯道都要考虑伤残人士的轮椅车和自行车推行上坡的需要，要在梯道两侧或中带设置斜坡道。梯道太长时，应当分段插入休息缓冲平台，梯道每一段的梯级数最好控制在 25 级以下，缓冲平台的宽度应在 1.58m 以上。在设置踏步的地段上，踏步的数量至少应为 2 ~ 3 级，如图 2-91 所示。

黑色花岗石贴面
M2.5混合砂浆砌砖
1:3:6三合土垫层
素土夯实

图 2-91 砖石踏步构造

混凝土踏步

混凝土踏步一般指将斜坡上的素土夯实，坡面用 1:3:6 三合土（加碎砖）或 3:7 灰土（加碎砖石）作为垫层并筑实，厚 6 ~ 10cm，其上采用 C10 混凝土现浇做成的踏步。踏步表面的抹面可按设计进行。每一级踏步的宽度、高度以及休息缓冲平台、轮椅坡道的设置等要求都与砖石阶梯踏步相同，可参照其进行设计，如图 2-92 所示。

山石蹬道

在园林土山或山石假山及其他一些地方，为了与自然山水园林相协调，梯级道路不采用砖石材料砌筑成整齐的阶梯，而是采用顶面平整的自然山石，依山随势砌成山石蹬道。山石

彩色水磨石抹面
C10混凝土
1:3:6三合土垫层
素土夯实

图 2-92 混凝土踏步

材料可根据各地资源的情况选择，砌筑用的胶凝材料可用石灰砂浆，也可用1:3水泥砂浆，还可以采用山土垫平缝隙，并用片石刹垫平稳。磴道踏面的宽窄可在30~50cm中变动。踏步高度应统一，一般采用12~20cm。设置山石磴道的地方本身就是供攀登的，因此山石磴道踏步高度可大于砖石阶梯踏步高度，如图2-93所示。

攀岩天梯梯道

攀岩天梯梯道是在风景区山地或园林假山上最陡的崖壁处设置的攀登通道。一般指从下至上在崖壁凿出的一道道横槽，并作为踏步，如同天梯一样。梯道旁必须设置铁链或铁管矮栏并固定在崖壁壁面，作为攀登时的扶手，如图2-94所示。

图2-93　山石磴道　　　　　　　　　　图2-94　攀岩天梯梯道

【高手必懂】园路施工常见问题

一、常见问题

裂缝与凹陷

造成裂缝与凹陷的主要原因是基土过于湿软或基层厚度不够，强度不足，在路面荷载超过土基的承载力时造成的，如图2-95所示。

啃边

由于路肩和路牙直接支撑路面，使之横向保持稳定，故路肩与其基土必须紧密结合，并有一定的坡度。否则，雨水的侵蚀和车辆行驶时会对路面边缘造成啃蚀作用，使之损坏，并从边缘起向中心发展，这种破坏现象叫作啃边，如图2-96所示。

图2-95　裂缝与凹陷　　　　　　　　　　图2-96　啃边

翻浆

在季节性冰冻地区，地下水位高，特别是对于粉砂性土基由于毛细管的作用，水分上升到路面下，冬季气温下降，水分在路面下形成冰粒，体积增大，路面就会出现隆起现象，到春季上层冻土融化，而下层尚未融化，这样就使土基变成湿软的橡皮状，路面承载力下降，如果此时车辆通过，路面就会下陷，邻近部分隆起，并将泥土从裂缝中挤出来，使路面遭到破坏，这种现象叫作翻浆，如图2-97所示。

图2-97　翻浆

二、不良土质路基的施工

1. 软土路基

先将泥炭、软土全部挖除，使路堤筑于基底或尽可能换填渗水性土，也可采用抛石挤淤法、砂垫层法等对地基进行加固。

2. 杂填土路基

可选用片石表面挤实法、重锤夯实法、振动压实法等方法使路基达到相应的密实度。

3. 膨胀土路基

膨胀土是一种易产生吸水膨胀、失水收缩两种变形的高液性黏土。对这种路基应先尽可能避免在雨期施工，挖方路段也应先做好路堑顶排水，并确保在施工期内不得沿坡面排水；其次要注意压实质量，最宜用重型压路机在最佳含水量的条件下碾压。

4. 湿陷性黄土路基

湿陷性黄土路基是一种含易溶盐类，遇水易冲蚀、崩解、湿陷的特殊性黏土。施工中的关键是做好排水工作，对地表水应采取拦截、分散、防冲、防渗、远接远送的原则，将水引离路基，避免黄土受水浸而湿陷；路堤的边坡要整平拍实；基底采用重机碾压、重锤夯实、石灰桩挤密加固或换填土等，以提高路基的承载力和稳定性。

三、特殊条件下的园路施工

特殊条件下的园路施工如下。

1. 雨期施工

（1）雨期路槽施工　先在路基外侧设排水设施及时排除积水。雨期前应选择易因雨水造成翻浆处或低洼处等不利地段先行施工，雨期后要重点检查路拱和边坡的排水情况、路基渗水与路床积水情况，注意及时疏通被阻塞、溢满的排水设施，以免积水倒流。路基由于雨水造成翻浆时，要立即挖出或填石灰土、砂石等，刨挖翻浆要彻底干净，不留隐患。需要处理的地段最好在雨期前做到"挖完、填完、压完"。

（2）雨期基层施工　当基层材料为石灰土时，降雨对基层的施工影响最大。施工时，应先注意天气预报情况，做到"随拌、随铺、随压"；其次应注意保护石灰土，以免被水浸或形成膏状；对于被水浸泡过的石灰土，在找平前应检查含水量，如果含水量过大，应翻拌晾晒达到最佳含水量后方可继续施工。

（3）雨期路面施工　水泥混凝土路面施工时应注意水泥的防雨防潮，已铺筑的混凝土严禁雨淋，施工现场应预备轻便易于挪动的工作台雨棚；对被雨淋过的混凝土要及时进行补救处理；

还要注意排水设施的畅通。如果是沥青路面，要特别注意天气情况，尽可能缩短施工路段，使各项工序紧凑衔接，下雨或面层的下层潮湿时均不得摊铺沥青混合料。对未经压实即遭雨淋的沥青混合料必须全部清除，更换新料。

2. 冬期施工

（1）冬期路槽施工　应在路基冰冻之前进行现场放样，做好标记；将路基范围内的树根、杂草等全部清除。如果有积雪，在修整路槽时应先清除地面积雪、冰块，并根据工程需要与设计要求决定是否刨去冰层。严禁用冰土填筑，且最大松铺厚度不得超过30cm，压实度不得低于正常施工时的要求，当天填方的土务必当天碾压完毕。

（2）冬期面层施工　沥青类路面不宜在5℃以下的温度环境下施工，否则要采取以下工程措施：运输沥青混合料的工具须配有严密覆盖设备以保温；卸料后应用苫布等器物及时覆盖；摊铺时间宜在上午9时至下午4时进行，做到三快两及时（快卸料、快摊铺、快搂平，及时找细、及时碾压）；施工时做到定量定时，集中供料，防止接缝过多。

（3）水泥混凝土路面或以水泥砂浆做结合层的块料路面，在冬期施工时应注意提高混凝土（或水泥砂浆）的拌和温度（可用加热水、加热石料等方法），并注意采取路面保温措施，如选用合适的保温材料（常用的有麦秸、稻草、锯末、塑料薄膜、石灰等）覆盖路面。此外应注意减少单位用水量，控制水灰比在0.54以下，混料中加入合适的速凝剂；混凝土搅拌站要搭设工棚，最后可延长养护和拆模时间。

四、园林铺装维护管理办法

1. 木铺装维护

由于在户外环境下使用，防腐木会出现裂纹、细微变形、褪色等现象，这些属于正常现象，不影响其防腐性能和结构强度。但为了防霉菌、防腐朽、防止太阳紫外线对木材的伤害，消除霉斑、霉菌、藻类和烂斑及夏日阳光照射造成的伤害，还原木材自然的本色，可以通过防腐木保护涂剂（木油）进行维护，一般1~2年做一次维护。在进行木铺装维护时，应注意的几个方面，如图2-98所示。

图2-98　木铺装维护时应注意的几个方面

2. 塑胶地面维护

塑胶地面的维护如图2-99所示。

塑胶地面的维护

- 因塑胶地面仅适合普通运动鞋、训练鞋、橡胶布鞋或软橡胶鞋踩踏，所以需要加强管理，禁止皮鞋、高跟鞋等进入塑胶场地
- 塑胶地面上禁止一切车辆行驶，塑胶跑道上避免机械剧烈冲击和摩擦
- 塑胶地面边缘应加强保护，不得任意剥动，如发现损坏应及时修补
- 塑胶地面应避免接触有机溶剂、化学物品
- 保持清洁，可以用水冲洗，粘上油污可用10%氨水或洗涤剂擦洗干净
- 禁止吸烟乱丢烟蒂、乱吐口香糖或泼洒含糖饮料

图 2-99　塑胶地面的维护

3. 铺装破损维护

铺装破损维护如图2-100所示。

铺装破损维护

- 砂砾、碎石铺装的路面应定期补充砂、砾和碎石等，以平整路基
- 砖铺装和地砖铺装的路面耐冲击较差，应及时对出现边角损失的砖块进行更换，保证路面的完整统一
- 对于使用草坪铺装或嵌草预制砖铺装的路面应注意：对由于过度践踏而造成损坏的草坪进行维护，对嵌草预制砖铺装的路面应经常检查，防止嵌草预制砖由于挤压、冻胀等作用造成损坏，如有损坏应及时更换维修
- 采用彩色混凝土、砖块和各种板块铺装的路面应注意对伸缩缝和拼贴缝进行检查，防止由于外力作用造成损坏及损坏处扩大，影响园路的使用及美观效果
- 仿石、陶板及瓷砖铺装的路面应设置车辆防护栏，避免车辆进入对路面压踏损坏，影响园路的使用
- 使用沥青铺装的路面应注意检查裂缝和破损的发生，如有裂缝产生应及时用沥青填补，避免裂缝扩大造成园路的损坏

图 2-100　铺装破损维护

第四节
园路铺装设计

【新手必读】铺装设计原则

一、符合园路的功能特点

除了建设期间以外，园路车流频率不高，重型车也不多。因此，铺装设计要符合园路的这些

特点，既不能弱化甚至妨碍园路的使用，也不能由于盲目追求某种不合时宜的外观效果而妨碍园路的使用。

如果是一条位于风景幽静处的小路，为了不影响游人的行进和对风景的欣赏，铺装应平整、安全，不宜有过多的变化。色彩、纹样的变化同样可以起到引导人流和方向的作用。如果在需要提示景点或某个可能作为游览中间站的路段，可利用与先前铺装对比较强烈的纹样、色彩、质感的铺装，提醒游人并供游人停下来观赏。出于驾驶安全的考虑，行车道路不能铺得太花哨以致干扰司机的视线。但在十字路口、转弯处等交通事故多发路段，可以铺筑彩色图案以规范道路类别，确保交通安全。

二、与园景的意境相协调

园路路面是园林景观的重要组成部分，路面的铺装既要体现装饰的效果，以不同的类型形态出现，同时在建材及花纹图案设计方面必须与园景的意境相结合。路面铺装不仅要配合周围环境，还应该强化和突出整体空间的立意和构思。

三、与其他造园要素相协调

园路路面的设计应充分考虑到其与地形、植物、山石及建筑的结合，使园路与之统一协调，适应园林造景的要求，如嵌草路面不仅能丰富景色，还可以改变土壤的水分和通气状态等。在进行园路路面的设计时，如果为自然式园林，园路路面应具有流畅的自然美，无论从形式和花纹上都应尽可能避免过于规整；如果为规则式园林，园路路面则应尽可能追求有节奏、有规律、整齐的景观效果。

四、符合生态环保的要求

园林是人类为了追求更美好的生活环境而创造的，园路的铺装设计也是其中一个重要方面。它涉及很多内容，一方面为是否采用环保的铺装材料，包括材料来源是否破坏环境、材料本身是否有害；另一方面为是否采取环保的铺装形式。

五、考虑可持续性

园林景观建设是一个长期的过程，要不断补充完善。园路铺装应适于分期建设，甚至临时放个过路沟管，抬高局部路面，也不必如刚性路面那样开肠剖肚。因此，路面铺装是否有令人愉悦的色彩、让人耳目一新的创意和图案，是否和环境协调，是否有舒适的质感，对于行人是否安全等，都是园路铺装设计的重要内容，也是最能表现设计"以人为本"这一主题的手段。

【新手必读】铺装常见手法

图案式地面铺装

图案式地面铺装是用不同颜色、不同质感的材料和铺装方式在地面做出简洁的图案和纹样。图案和纹样应规则对称，并在不断重复的图形线条的排列中创造生动的韵律和节奏。采用图案式铺装手法时，图案线条的颜色要偏淡偏素，决不能浓艳。除了黑色以外，其他颜色都不要太深太浓。对比色的应用要适度，色彩对比不能太强烈。在地面铺装中，路面质感的对比可以比较强烈，如磨光的地面与露骨料的粗糙路面可以相互靠近，形成质感的强烈对比，如图2-101所示。

色块式地面铺装

色块式地面铺装其材料可选用3~5种颜色，表面质感也可以有2~3种表现；广场地面不做图案和纹样，而是铺装成大小不等的方、圆、三角形及其他形状的颜色块面。色块之间的颜色对比可以强一些，所选颜色也可以比图案式地面铺装更加浓艳一些。但是，路面的基调色块一定要明确，在面积、数量上一定要占主导地位，如图2-102所示。

图 2-101　图案式地面铺装

主要铺装

图 2-102　色块式地面铺装

线条式地面铺装

线条式地面铺装指在浅色调、细质感的大面积底色基面上，以一些主导性的、特征性的线条造型为主进行的铺装。这些造型线条的颜色比底色深，也更鲜艳一些，质感也常比基面粗糙，比较容易引人注意。线条的造型有直线、折线形，也有放射形、旋转形、流线形，还有长短线组合、曲直线穿插、排线宽窄渐变等富于韵律变化的生动形象，如图2-103所示。

台阶式地面铺装

台阶式地面铺装是将广场局部地面做成不同材料质地、不同形状、不同高差的宽台形或宽阶形，既使地面具有一定的竖向变化，又使局部地面从周围地面中独立出来，在广场上创造出一种特殊的地面空间。这种铺装被称为台阶式地面铺装。如在坐椅区、花坛区、音乐广场的演奏区等地方，通过设置台阶式地面来划分广场空间，既突出个性空间，又可以很好地强化局部地面的功能特点。将广场水景池周围地面设计为几级下行的阶梯，使水池成为下沉式，水面更低，观赏效果会更好。总之，宽阔的广场地面中如果有一些竖向变化，则广场地面的景观效果一定会有较大的提高，如图2-104所示。

图 2-103　线条式地面铺装　　　　　　　图 2-104　台阶式地面铺装

【高手必懂】铺装设计要点

铺装形式多样，主要是通过色彩，质感，构图，尺度，上升、下沉及边界的相互组合产生变化。

一、色彩

色彩是表达情感的一种手段，它能把设计者的情感强烈地灌入人们的心灵。铺装的色彩在园林中一般是衬托景点的背景，其少数情况会成为主景，所以铺装的色彩要与周围环境的色调相协调。

色彩是在空间中最易创造气氛和表达情感的活跃因素，良好的色彩处理会给人们带来无限的欢快。我国是一个国土辽阔、民族众多的国家，我国不同地区与民族对色彩的喜爱与禁忌也有差别。在园林铺装中，合理利用色彩对人们的心理效应，如色彩的感觉、色彩的表情、色彩的联想与象征等，可以形成别具一格的地面铺装，让它充满生机和情趣，与蓝天白云、青山绿水、多彩花园一起营造优美的园林空间，让人们的生活更多精彩。

1. 色彩的感觉

色彩给人的感觉有大小感、进退感、轻重感、冷暖感、软硬感、兴奋或沉静感、华丽或朴素感等。一般来讲，红、橙、黄等暖色系的色是前进色，有凸出感；蓝、绿等冷色系的色是后退色，有凹进感。另外，明度高者，视之似进；明度低者，视之似退；明度高者视之轻，明度低者视之重。红色系使人感到暖，蓝色系使人感到冷。无彩色中，白色使人感到冷，黑色使人感到暖。

色彩的软硬感与色彩的明度、纯度相关。明度高、纯度低的色彩使人感到柔软，明度低、纯度高的色彩使人感到坚硬。由于红、橙、黄等纯色能给人以兴奋感，故称为兴奋色；而蓝、绿色给人以沉静感，故称为沉静色。对于华丽或朴素感，从纯度方面讲，纯度高的色彩给人的感觉华丽，纯度低的色彩给人的感觉朴素；从色相方面讲，暖色给人的感觉华丽，冷色给人的感觉朴素；从明度方面讲，明度高的色彩给人的感觉华丽，而明度低的色彩给人的感觉朴素。

2. 色彩的表情、联想与象征

每一种色彩都有自己的表情，会对人产生不同的心理作用，联想和象征是色彩心理效应中最为显著的特点，可以利用这一特点来实现铺装的景观功能。各种色彩的表情、联想与象征见表2-9。

表 2-9 各种色彩的表情、联想与象征

色彩	表情、联想与象征
红色	色感温暖，性格刚烈而外向，是一种对人刺激性很强的色彩，容易引起人的注意，也容易使人兴奋、激动、紧张、冲动，还是一种容易造成人视觉疲劳的色彩，象征幸福吉祥，也能给人留下恐怖心理，象征着流血和危险
橙色	能使血液循环加快，而且有温度上升的感觉，是色彩中最活泼、最富有光辉的色彩，是暖色系中最温暖的色彩，橙色常和太阳相联系
黄色	最明亮的色彩，使人愉快的色彩、幸福的色彩，给人明快、泼辣、希望、光明的感觉
绿色	具有黄色和蓝色两种成分，将黄色的扩张感和蓝色的收缩感相中庸，将黄色的温暖感与蓝色的寒冷感相抵消，使得绿色的性格最为平和、安稳，是一种柔顺、恬静、优美的色彩，使人的精神不易疲劳，眼睛感到刺激难受时，可以在绿色中去求得恢复
黄绿色	是一种沉静的端庄的色彩，平静而又凉爽，显出一种青春的力量，生机勃勃，蒸蒸日上，使人联想到春、竹、嫩草等，对人们心理上有一种宁静感的影响
蓝色	显得朴实、内向，常为那些性格活跃、具有较强扩张力的色彩，提供一个深远、广阔、平静的空间，可以很好地衬托活跃的色彩。深蓝色如同天空、海洋，有着遥远而神秘的感觉
紫色	明度在有彩色的色彩中是最低的。紫色的低明度给人一种沉闷、神秘的感觉
白色	白色的色感光明，性格朴实、纯洁、快乐。能将其他色彩引向明亮，白色的性格内在，让人感到快乐、纯洁，而毫不外露
黑色	在视觉上是一种消极的色彩，给人稳定、深沉、严肃、坚实的感觉。人们一般认为大面积的白、黑色路面单调乏味，因此进行地面铺装时，会使道路彩化，更具吸引力。但这并不意味着铺装的色彩设计排除白色与黑色
灰色	是白色与黑色的混合色，由于灰色明度适中，因此它属于能使人的视觉得到平衡的色彩

3. 色彩的相互参杂

不同色彩与其他色彩的相互参杂会产生不同的效果。

1）在红色中加入少量的黄色，会使其色性强盛，趋于躁动、不安；加入少量的蓝色，会使其色性减弱，趋于文雅、柔和；加入少量的黑色，会使其性格变的沉稳，趋于厚重、朴实；加入少量的白色，会使其性格变的温柔，趋于含蓄、羞涩、娇嫩。

2）在纯黄色中加入少量的其他色，其色相感和色彩性格均会发生较大程度的变化。在黄色中加入少量的蓝色，会使其转化为一种鲜嫩的绿色，其高傲的性格也随之消失，趋于一种平和、潮润的感觉；加入少量的红色，则具有明显的橙色感觉，其性格也会从冷漠、高傲转化为一种有分寸感的热情、温暖；加入少量的黑色，其色感和色性变化最大，成为一种具有明显橄榄绿的复色印象，其色性也变的成熟、随和；加入少量的白色，其色感变得柔和，其性格中的冷漠、高傲被淡化，趋于含蓄，易于接近。

3）如果在橙色中黄色的成分较多，其性格则趋于甜美、亮丽；在橙色中混入少量的白色，可使橙色的知觉趋于焦躁、无力。

4）在蓝色中分别加入少量的红、黄、黑、橙、白等色，均不会对蓝色的性格构成较明显的影响。

5）在绿色中黄色的成分较多时，其性格就趋于活泼、友善，具有幼稚感；在绿色中加入少量的黑色，其性格就趋于庄重、老练、成熟；在绿色中加入少量的白色，其性格就趋于洁净、清爽、鲜嫩。

6）在紫色中红色的成分较多时，其感觉具有压抑感、威胁感；在紫色中加入少量的黑色，其感觉就趋于沉闷、伤感、恐怖；在紫色中加入白色，可使紫色沉闷的性格消失，变得优雅、娇嫩。

7）在白色中加入任何其他色，都会影响其纯洁性，使其性格变得含蓄。在白色中加入少量的红色，就成为淡淡的粉色，显得鲜嫩；在白色中加入少量的黄色，则成为一种乳黄色，给人一种香腻的印象；在白色中加入少量的蓝色，给人感觉清冷、洁净；在白色中加入少量的橙色，则有一种干燥的气氛；在白色中加入少量的绿色，给人一种稚嫩、柔和的感觉；在白色中加入少量的紫色，可诱导人联想到淡淡的芳香。

二、质感

所谓质感，是由于感触到材料的结构而有的材质感，它是景观铺装中的另一活跃因素，如图 2-105 所示。铺装材料的表面质感具有强烈的心理诱发作用，不同的质感可以营造不同的气氛，给人以不同的感受。

在进行铺装设计的时候，要充分考虑空间的大小，大空间要做得粗犷些，

图 2-105　铺装材料的质感表现

应该选用质地粗大、厚实、线条较为明显的材料，因为粗糙的质感往往使人感到稳重、沉重、开朗；另外，在烈日下面，粗糙的铺装可以较好地吸收光线，不显得耀眼。在小空间则应该采用较细小、圆滑、精细的材料，细致的铺装给人轻巧、精致、柔和的感觉。如麻面石料和灰色仿花岗石铺装的园林小径，体现的是一种粗犷、稳定的感觉，而卵石的小道则让人感到舒畅、亲切，不同的材料创造了不同的景观。

不同质地的材料在同一景观中出现，必须注意其间的调和性，恰当地运用相似及对比原理，组成统一和谐的园林景观。

1. 第一、第二质感

如何让人们无论是远景视点还是近景视点都能获得良好的质感美效果，也是施工中必须要关注的问题。要充分了解从什么距离可以看清材料，才能选择适用于各个不同距离的材料，这在提高外部空间的质量上是有利的。对于广场和人行道上的人们，可以很清楚地看到铺装材料的材质，称之为材料的第一质感；而对于车上的乘客，由于所处距离较远，以至于看不清铺装材料的纹理，为了吸引这些人的注意，满足他们的视觉感受，就要对铺装砌缝以及铺装构图进行精心设计，这些就形成了材料的第二质感，如图 2-106 所示。

图 2-106　铺装材料的第一、第二质感

2. 视觉、触觉质感

由于人们用眼感知不同材料时会产生不同的视觉质感，从而获得不同的视觉美感；而通过触觉感知不同材料的表面时会产生不同的触觉质感，从而获得不同的心理感受，如图 2-107 和图 2-108 所示。在铺装景观设计中，巧妙、灵活地利用质感可以给空间带来丰富的内涵和感染力，同时会对人们产生心理暗示，继而指导人们的行为。可以说，质感是实现铺装景观功能必不可少的要素之一，其设计是铺装景观设计中极其重要的一环。

图 2-107　铺装的视觉、触觉质感（一）　　　　图 2-108　铺装的视觉、触觉质感（二）

三、构图

1. 构图的基本要素

构图中的点线面是一切造型要素中最基本的，存在于任何造型设计之中。研究这些基本的要素及构图原则是我们研究其他视觉元素的起点。点线面通常被认为是概念元素，但运用在实际设计之中，它们则是可见的，并具有各自特有的形象。在铺装景观中对构图是不容忽视的，构图要体现形式美的原则，即：统一、对比、比例、韵律、节奏、动感等。

（1）点　在几何学上，点只有位置，没有面积。但在实际构成练习中点要见之于图形，并有不同大小的面积。点在构图中具有集中、吸引视线的功能。点的连续会产生线的感觉，点的集合会产生面的感觉，点的大小不同会产生深度感，几个点之间会有虚面的效果。

点以不同的方式存在或组合能引起人们不同的心理反应。当画面中只有一个点时，人们的视线就很容易集中到这个点上，如图 2-109a 所示。当空间中有两个同等大小的点，各自占有其位置时，其张力作用就表现在连接此两点的视线上，在心理上产生吸引和连接的效果，如图 2-109b 所示。空间中的三个点在三个方向上平均散开时，其张力作用就表现为一个三角形，如图 2-109c 所示。如果画面中的两个点为不同大小时，观察者的注意力首先会集中在优势的一方，然后再向劣势的一方转移，如图 2-109d 所示。

a)　　　　　　b)　　　　　　　　c)　　　　　　　　　d)

图 2-109　点的不同组合方式

点的组合能够形成多种视觉和心理上的作用。序列的点可以使人感知到线。点的等距排列表现出安定、均衡的特点；将不同大小、疏密的点混合排列，使之成为一种散点式的构型；而由小到大的点按一定的轨迹、方向进行变化，则可以产生一种优美的韵律感；把点以大小不同的形式，既密集、又分散地进行有目的的排列，可以产生面的变化感，如图 2-110 所示。

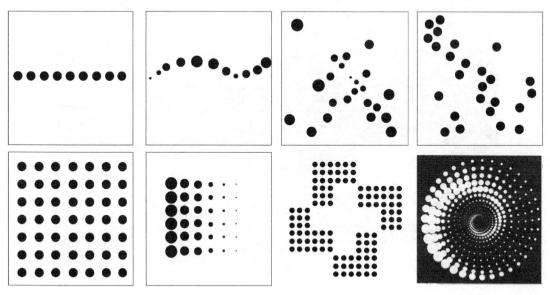

图 2-110　点的组合

不同形态的点具有不同的性格，如圆点具有饱满、充实的特点，方点显得坚实、规整、稳定，水滴形点则具有下落、重量、方向性，多边形点显得尖锐、紧张、闪动，不规则点则自由、随意，如图 2-111 所示。

图 2-111　不同形态的点

点在铺装中的运用形式如图 2-112 所示。

a）　　　　　　　　　b）　　　　　　　　　c）

图 2-112　点在铺装中的运用形式

（2）线 几何学上的线是没有粗细的，只有长度和方向，但构图中的线在图面上是有宽窄粗细的。线在绘画中被广泛运用，并有很强的表现力。线的种类很多，有直线和曲线。其中直线又包括平行线，垂直线、折线、斜线等；曲线包括弧线、抛物线、双曲线、圆等。线的形态如图 2-113 所示。

图 2-113　线的形态

直线寓意性格挺直、单纯，表现出了简单、明了、直率的特点，具有一种力量上的美感。线的粗细程度不同会产生视觉感受的差异。粗直线使人感觉坚强、有力、厚重和粗壮，而细直线却显得轻松、秀气和敏锐。粗线由于视觉冲击力强，常越于画面前列。细线则有远离感，当粗细线组合在一起时，则表现出明显的视觉空间效果。从线的方向来说，不同方向的线会反映出不同的感情性格，可以根据不同的需要加以灵活运用。折线具有节奏、动感、活泼、焦虑、不安等感受。水平线能够显示出永久、和平、安全、静止的感觉。垂直线具有庄严、崇敬、庄重、高尚、权威等感受。斜线是直线的一种形态，它介于垂直线和水平线之间，相对这两种直线而言，斜线有一种不安全、缺乏重心平衡的感觉，但它有飞跃、向上冲刺或前进的感觉。

曲线与直线相比，则会产生丰满、优雅、柔软、欢快、律动、和谐等特点。曲线又可以分为自由曲线和几何曲线。自由曲线是富有变化的一种形式，它主要表现于自然的伸展，并且圆润而有弹性。它追求自然的节奏、韵律，较几何曲线更富有人情味。几何曲线由于它的精确性、规整性和单纯的和谐性，使其形态更有符合现代感的审美意味，在施工中加以组织，常会取得比较好的景观效果，如图 2-114 所示。

a）　　　　　　　　　　　　　　　　　　b）

图 2-114　铺装中的曲线

c)   d)

图 2-114　铺装中的曲线（续）

（3）面　线或点连续移动至终结而成面，有长宽、位置但无厚度，是体的表面，受线的界定，它体现了充实、厚重、整体、稳定的视觉效果。面的外轮廓线决定面的外形，可分为几何形、自由曲线形、偶然形。

几何形面又可分为直线形面和曲线形面。直线形面是由直线形成的面。直线形面具有简洁、明了、安定、井然有序之感。曲线形面是由曲线形成的面，比直线更具柔性、理性、秩序感，具有明了、自由、高贵之感。不同的几何形面有不同的性格，如图 2-115 所示。

正直、充实　　饱满、张力、生命力　　平静、稳定　　严肃、伟大

稳定与不稳定　　　　多边形紧张、放射（收缩）、不协调

图 2-115　几何形面

自由曲线形是不具有几何秩序的曲线形，因此，它较几何曲线形更加自由、富有个性，在心理上可产生优雅、柔软之感，如图 2-116 所示。偶然形是一种自然形态，是一种难以预料的形，如破碎的玻璃。偶然形面如图 2-117、图 2-118 所示。一般是设计者采用特殊技法所产生的面，和前几种相比较更加自然、更加生动，富有人情味。不同曲线形的面组合形成的铺装将极具现代感，使人感到空间的流动与跳跃，但这需要设计者必须具有高度的创意和设计能力，否则就会出现影响视觉进而扰乱步行节奏等问题，所以不容易成功。

图 2-116　自由曲线形

图 2-117　偶然形

图 2-118　偶然形面铺装实例

2. 构图的基本形式

重复形式

　　构图中的同一要素连续、反复有规律地排列谓之重复，它的特征就是形象的连接。重复形式能产生形象的秩序化、整齐化，画面统一，富有节奏美感。同时，由于重复形式使形象反复出现，具有加强对此形象的记忆的作用。

　　重复形式的一个基本条件是必须有重复的基本形、重复的骨骼。重复的基本形就是构成图形的基本单位。重复的骨骼就是将构图划分成形状、大小相等的空间。重复的骨骼给基本形在方向和位置方面的交换提供了有利条件，从而可以进行多方面的变化，如图 2-119 所示。

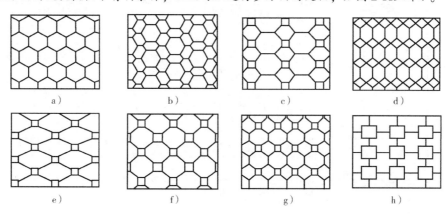

图 2-119　重复形式的铺装

a) 六方式　b) 攒六方式　c) 八方间六方式　d) 套六方式　e) 长八方式　f) 八方式　g) 海棠式　h) 四方间十字方式

　　基本形的绝对重复排列即同一基本形按一定的方向连续的并置排列，这是重复构图的最基本表现形式。基本形的正、负交替排列即同一基本形在左、右和上、下位置上，正、负交替变化。基本形的方向、位置变换排列即同一基本形在方向上进行横竖或上下变换位置。重复基本形的单元反复排列即将基本形在方向上按照一定的秩序形成一个单元反复排列，如图 2-120 所示。

渐变形式

　　渐变是基本形或骨骼逐渐地、有规律地按顺序变动，

图 2-120　基本形的重复排列

它能给人以富有节奏、韵律的自然美感，呈现出一种阶段性的调和秩序。一切构图要素都可以取得渐变的效果。如基本形的大小渐变、方向渐变、色彩渐变、形状渐变等，通过这些渐变产生美的韵味，如图2-121所示。

大小渐变是基本形从起始点至终点，按前大后小的空间透视原理编排的由大到小或由小到大的渐次变化，这种变化可以形成空间深远之感。对基本形进行排列方向的渐变，可以加强画面的变化和动感。在构图中，为了增强人们的欣赏情趣，可以采用一种形象逐渐过渡到另一种形象的手法，这种手法称为形状渐变。只要消除双方的个性，

图2-121 渐变形式的铺装

取其共性，造成一个中立的过渡区，取其渐变过程便可得到形状渐变。

发射形式

发射形式是特殊的重复和渐变，其基本形或骨骼环绕一个共同的中心构成发射状的图形。其特点是由中心向外扩张，由外向中心收缩，所以其具有一种发射的形式，视觉效果强烈，令人注目，具有强烈的指向作用，具有一定的节奏、韵律等美感，如图2-122所示。所有的发射骨骼均由中心和方向构成。发射形式有离心式发射、同心式发射、向心式发射、移心式发射、多心式发射，具体如图2-123所示。

发射形式	离心式发射	离心式发射是一种发射点在中心部位，其发射线向外发射的构图形式，它是发射骨骼中应用较多的一种形式。在离心式发射构图中，由于发射骨骼线不同，又可分直线发射和曲线发射等不同形式。直线发射使人感到强而有力，曲线发射使人感到柔和而变化多样
	同心式发射	同心式发射的发射点是从一点开始逐渐扩展的同心圆或类似方形的渐变扩展所形成的重复形，也是发射形式的一种形式。由于这种形式的主要发射线都集中在一起，因此格式变动有较大的局限性
	向心式发射	向心式发射是与离心式发射方向相反的发射骨骼，其中心点在外部，从周围向中心发射。同心式发射的发射点是从一点开始逐渐扩展的，似如同心圆或类似方形的渐变扩展所形成的重复形
	移心式发射	射点可以根据图形的需要，按照一定的动态秩序渐次移动位置，形成有规律的变化，这种发射形式能够表现出较强的空间感
	多心式发射	即以数个点进行发射构成，其中有的发射线相互衔接，组成了单纯性的发射构形。这种构形效果具有明显的起伏状，层次感也很强

图2-122 发射形式

发射形式除了以上的基本形式外，还可以多种形式结合应用，采用多种不同的手法交错表现，以此来丰富作品的表现力。发射形式的图形具有很强的视觉效果，形式感强，富有吸引力，令人注目，因此在铺装设计中，尤其是广场的铺装设计中通常会采用这种形式进行构图。

整体形式

在铺装设计中，尤其是广场的铺装，有时会把整个广场作为一个整体来进行整体性的图案设计。在广场设计中，将铺装设计成一个大的整体图案，将取得较佳的艺术效果，并易于统一广场的各要素和体现广场的空间感，烘

图2-123 发射形式的铺装

托广场的主题，充分体现其个性特点，成为城市中的一处亮丽景观，给人们留下深刻印象，如图 2-124 所示。

3. 构图的基本设计手法

构图的基本设计手法有两种，方法内容如下。

轴线

轴线是中国传统设计思想中最重要的设计手法，是构成对称的要素，从气势恢弘的故宫到江南幽雅恬静的农家小院，对称的景观随处可见。轴线贯穿于两点之间，围绕着轴线布置的空间和形式可以是规则的，也可以是不规则的。有时候轴线是可见的，给人以明显的方向性和序列感；有时候轴线又是不可见的，它强烈地存在于人们的感觉中，使人能够领会和把握空间，增加了空间的可读性。运用轴线合理组织与安排铺装空间及景观构图，可以给人强烈的空间感染力，达到景观环境设计的井然有序和完整统一，如图 2-125 所示。

图 2-124　整体形式的铺装

图 2-125　轴线设计手法

重心

重心一般泛指人们对形态所产生的心理量感上的均衡。重心的位置和形态通常决定了景观环境的主题。重心可以是平面的中心，也可以偏离中心设置，它通常是人们视线的焦点和心理支撑点。重心在铺装构图设计中同轴线一样得到广泛应用，尤其是小面积的地面铺装多采用重心的设计手法来强调空间环境的主题，加深人们对空间环境的印象。

4. 构图的个性化设计

运用隐喻、象征的手法来表现某种文化传统和乡土气息，引发人们视觉上的、心理上的联想和回忆，使其产生认同感和亲切感，这是铺装构图设计中创造个性特色常用的手法。在铺地景观的构图设计中还经常运用文字、符号、图案等焦点性铺装进行细部设计，以突出空间的个性特色。这些带有文字、符号、图案的焦点性铺装部分具有很强的装饰性和趣味性，有的充满地方色彩，有的表现地方文化，有的具有指向、标示作用，也有的等距排列作路标使用。它们有效地吸引人们的注目，赋予空间环境文化内涵，增强了环境的可读性与可观赏性，有助于树立空间的形象。

四、尺度

1. 尺度的类型

所谓尺度，是空间或物体的大小与人体大小的相对关系，是设计中的一种度量方法。尺度对人的感情、行为等都有巨大的影响。尺度的处理是否得当，是城市景观铺装设计成败的关键因素之一。景观设计所提及的尺度可狭义地定义在人类可感知的范围内的尺度上，一般把这一尺度分为三类。

（1）人体尺度　是以人为度量单位并注重人的心理感受的尺度，是评价空间的基本标准。

（2）小尺度　很容易度量和体会，是可容少数人或团体活动的空间，如小公园、小绿地等，给人的体会通常是亲切、舒适、安全等。

（3）大尺度　是一种纪念性空间的尺度，其尺度远远超出人们对它的判断，如纪念性广场、大草坪等，给人的体会通常是雄伟、庄严、高贵等。

2. 尺度大小的确定原则

由于使用功能不同，周围环境风格各异，尺度的选择也各不相同。娱乐休闲广场、商业广场、儿童广场、园林、商业步行街、生活性街道等区域的铺装设计应该严格遵循"以人为本"的设计原则，采用人体尺度或小尺度，给人以亲切感、舒适感，吸引更多的人驻足，进行观赏、娱乐、休憩、交往、购物等活动。"以人为本"的原则并不是否定了大尺度，现代化城市中大尺度和小尺度应该是并存的，这样才符合社会发展的需要。

1）城市中需要大尺度的道路空间，要合理规划出车行空间和人行空间，使人和车和平共处。存在大尺度的道路空间并不意味着人对城市空间使用权的丧失，当然前提是必须保障足够的城市公共活动空间。

2）现代城市存在一些政治色彩比较浓的场所，如市政广场、纪念广场等，采用大尺度的设计可以突出其庄严肃穆、宏伟壮观之感。

3）现代城市摩天大楼林立，在这些地点采用大尺度的处理手法，可以加强城市空间的开敞性，不会使人产生压迫感，同时突出时代特色。此外，城市中的空间尺度，大的更大，小的更小，大小并置，产生鲜明的对比，可以形成独特的魅力空间，更能吸引人们的注意。

4）铺装尺度的选择还应考虑视觉特性的影响。如果要使快速运动的人看清物体，就必须将它们的形象大大夸张。在高速公路两侧，标志和告示牌都必须巨大而醒目才能看清。同样道理，在交通干道、高速路主要通行机动交通，铺装设计要充分考虑到行车速度的影响，以乘客的视角为主，设计中采用大尺度会获得更好的效果，这也更加体现了"以人为本"的设计原则。

五、上升、下沉及其边界

1. 上升与下沉

在铺装景观设计中需要注意对地面高差的处理。人们对其所处的地理位置极为敏感，对不同的高差有不同的反应。任何场所都有一个隐形的基准线，人们可以位于这个基准线的表面，也可以高于或低于该基准线。高于这个基准线会产生一种权威与优越感，低于此线则会产生一种亲切与安全感。在铺装设计中，有效利用地面高差会获得非常好的景观效果。地面上升和下沉都能起到限定空间的作用，可以从行动上和心理上摆脱外界干扰，给其中活动的人们以安全感和归属感。

上升和下沉都能起到限定空间的作用，但给人的感觉却是不同的。一般来说，高处平面使人产生兴奋、高大、超然、开阔、眩晕等感觉。上升意味着向上进入某个未知场所，下沉则意味着向下进入某个已知场所。根据人的这种心理效应，可以在铺地设计中合理选择是上升还是下沉，以便更好地实现铺装的功能，满足人们对空间环境的不同要求。

2. 边界

边界是指一个空间得以界定、区别于另一空间的视觉形态要素，也可以理解为两个空间之间的联结要素，如图2-126所示。边界的走向与形态由周围环境决定，因为环境千变万化，所以边界形式也是多姿多彩的。边界处理同样是铺装景观设计中不容忽视的问题，构思巧妙的边界形式可根据所强调的内容不同分为两类：确定性边界和模糊性边界。

模糊性边界可以实现一个环境空间到另一环境空间的自然过渡，空间转换温和顺畅。当铺装与绿化结合时，采用模糊性边界还可弱化人工环境与自然环境的冲突，使人们漫步其间，最大限度地接触草坪，接触绿色，感受自然，为整个铺装增添情趣与魅力。

a）

b）

图 2-126 边界

第五节
园路铺装施工

【新手必读】常见路面类型施工要点

水泥方格砖路面

直接用水泥砂浆做成方格砖铺设路面。水泥宜采用硅酸盐水泥、普通硅酸盐水泥；砂应用中砂和粗砂，含泥量不大于3%；如用石屑代砂其粒径宜为3~6mm，含泥量不大于3%。水泥砂浆面层宜在垫层或找平层的混凝土或水泥砂浆抗压强度达到1.2MPa后铺筑；垫层或找平层表面应粗糙、洁净、湿润；水泥砂浆应采用机械搅拌，搅拌不少于2min，要拌和均匀，颜色一致，其稠度（以标准圆锥体沉入度计）不应大于3.5cm；铺设时，要先用木板隔成宽小于3m的条形区段，并以木板作为厚度标准。抹平工作应在初凝前完成，压光工作应在终凝前完成；水泥砂浆面层铺好后一天内应以木板或锯末覆盖。并在7~10天内每天浇水不少于1次；水泥石屑浆面层的施工按水泥砂浆面层的要求进行。

异型水泥砖路面

用水泥砂浆做成各种不同形状的砖块铺筑路面。材料要求和施工要点同水泥方格砖路面。

豆石麻石混凝土路面

用水泥豆石浆或水泥麻石浆抹面的路面。水泥豆石浆是采用水泥：豆石=1:1.25所配合而成的，麻石规格为197mm×76mm。采用砂浆粘贴或干粉型胶黏剂粘贴。

预制混凝土块路面

以水泥为胶凝材料，以砂、碎石（卵石）、炉渣、煤矸石等为骨料，加水做成薄块状，用于铺筑路面。水泥可采用硅酸盐水泥、普通硅酸盐水泥、炉渣硅酸盐水泥、火山灰质硅酸盐水泥；砂的质量应符合《普通混凝土用砂、石质量及检验方法标准》（JGJ 52—2006）；石的质量应符合《普通混凝土用砂、石质量及检验方法标准》（JGJ 52—2006）。

混凝土的配合比应通过计算和试配决定，混凝土浇筑时的坍落度宜为1~3cm；混凝土应拌和均匀；混凝土浇筑完毕后，应在12h以内用草帘覆盖和浇水。浇水养护日期不少于7天。

水泥路面

　　直接用水泥砂浆抹面。水泥宜用硅酸盐水泥、普通硅酸盐水泥，强度等级分别不低于42.5MPa和32.5MPa（如用石屑代替砂时，水泥强度等级不低于42.5MPa）；砂应用中砂或粗砂，含泥量不大于3%；如用石屑代砂，其粒径宜为3~6mm，含泥量不大于3%。

　　水泥砂浆面层宜在垫层或找平层的混凝土或水泥砂浆抗压强度达到1.2MPa后铺设；垫层或找平层表面应粗糙、洁净、湿润，在预制钢筋混凝土板上铺设，如表面光滑应予以凿毛；水泥砂浆应用机械拌和，拌和时间不少于2min，要拌和均匀，颜色一致，其稠度（以标准圆锥体沉入度计）不应大于3.5cm；铺设时，应先用木板隔成小于3m的条形区域，并以木板作为厚度标准，先刷水灰比为0.4~0.5的水泥砂浆，随刷随铺水泥砂浆，随铺随拍实，用刮尺找平，用木抹抹平，用铁抹压光，抹平工作应在初凝前完成，压光工作应在终凝前完成；通过管道处水泥砂浆面层因局部过薄，必须采取防止开裂的措施，符合要求后方可继续施工；水泥砂浆面层铺设好后一天内应以砂或锯末覆盖，并在7~10天内每天浇水不少于一次。如温度高于15℃时，最初3~4天内每天浇水两次；水泥石屑浆面层的施工按水泥砂浆面层的要求，其配合比为1:2，水灰比为0.3~0.4。要做好压光和养护工作。

卵石路面

　　素墁卵石路面是用大小卵石间隔铺成；拼花卵石路面是选用精雕的砖、细磨的瓦和经过严格挑选的各色卵石拼凑成的路面。水泥宜采用硅酸盐水泥、普通硅酸盐水泥，其强度等级分别不低于42.5MPa和32.5Mpa；卵石粒径不大于面层厚度的2/3。

　　在铺设面层时，应将下一层清理干净、夯实；细石混凝土要捣实压平。

大理石路面

　　大理石构造致密，密度大但硬度不大，易于分割。纯大理石常呈现雪白色，含有杂质时，呈现黑、红、黄、绿等各种色彩。锯切、雕刻性能好，抛光后非常美丽。

　　大理石成品保护即路面做好后对面层的保护。保护方法为：路面完工后，应在面层覆盖锯末或席子；当室内其他项目尚未完工并足以破坏路面时，应在面层上粘贴一层纸，现浇8~10mm厚石膏加以保护[配合比为石膏粉:水:纤维素=3:1:(0.003~0.005)，先将纤维与水拌和均匀后浇注，可有效防止重物撞击面层造成的损伤。

糙墁方砖路面

　　普通砖的原料以砂质黏土为主，其主要化学成分为二氧化硅、氧化铝及氧化铁等。

　　若砖在氧化气氛中烧成后，再在还原气氛中闷窑，促使砖内的红色高价氧化铁还原成低价氧化铁，即得青砖。青砖较普通砖结实，耐碱耐久，但价格较普通砖贵。青砖一般在土窑中烧成。普通黏土砖的尺寸规定为240mm×115mm×53mm，若加上砌筑灰缝的厚度，则四块砖长、八块砖宽或十六块砖厚都恰好是1m，故砖砌体1m³需砖512块。

　　平铺指砖的平铺形式一般采用"直行""对角线"或"人字形"铺法，在通道内宜铺成纵向的人字纹，同时在边缘的行砖应加工成45°角。铺砌砖时应挂线，相邻两行的错缝应为砖长的1/3~1/2。倒铺指采用砖的侧面形式铺砌。

　　尺二方砖、尺四方砖、尺七方砖三种砖是以古代尺（清代营造尺）规格命名的方砖。尺二方砖是长宽方向均为一尺二，按清代营造尺的规格为1.2尺×1.2尺×0.2尺。而清代营造尺一尺为320mm，故尺二方砖为384mm×384mm×64mm。尺四方砖是长宽方向均为一尺四，即清代营造尺规格为1.4尺×1.4尺×0.2尺，换算公制为448mm×448mm×64mm。上述两种砖有一扩大规格，即二尺二方砖和二尺四方砖，清代营造尺为2.2尺×2.2尺×0.35尺和2.4尺×2.4尺×0.45尺，换算公制为704mm×704mm×112mm和768mm×768mm×144mm。尺七方砖为1.7尺×1.7尺×0.25尺，即为540mm×540mm×80mm。它们多用于地面、檐墙等部位。

方整石板路面

石板一般被加工成497mm×497mm×50mm、697mm×497mm×60mm、997mm×697mm×70mm等规格，其下直接铺30~50mm的砂土作为找平的垫层，可不做基层；或者以砂土层作为中间层，在其下设置80~100mm厚的碎（砾）石层作为基层也行。石板下不用砂土作为垫层，而用1:3水泥砂浆或4:6石灰砂浆作为结合层，可以保证面层更坚固和稳定。

碎石板路面

一般采用大理石、花岗石的碎片，价格比较便宜，用来作为铺装很经济，既装饰了路面，又可减少铺装经费。形状不规则的石片在地面上铺贴出的纹理多数是冰裂缝，使路面显得比较别致。

拌石或块石路面

拌石即预制混凝土砌块。预制混凝土砌块按设计有多种形状，大小规格也有很多种，也可做成各种彩色砌块。其厚度都不小于80mm，一般厚度都设计为100~150mm。砌块基本可分为实心和空心两类。由于砌块是在相互分离的状态下构成路面，使得路面特别是在边缘部分容易发生歪斜、散落，因此，在路面边缘最好设置路缘石，以规范路面并对其起保护作用。另外，也可用板材铺砌作为边带，使整个路面更加稳定，不易损坏。

拌石或片石磴道

用预制混凝土拌石或片石铺筑成上山的磴道；片石是指厚度在5~20mm的装饰性铺装材料，常用的主要有大理石、花岗石、陶瓷锦砖等。

碎大理石板路面

用砂浆或其他胶结剂将大理石与基层牢接形成路面。结合层一般为砂、水泥砂浆或沥青玛蹄脂。砂结合层厚度为20~30mm；水泥砂浆结合层厚度为10~15mm；沥青玛蹄脂的结合层厚度为2~5mm。

青砖路面垫浆

机制标准青砖规格为240mm×120mm×60mm。砖墁地时，用30~50mm厚细砂土或3:7灰土作为找平垫层。有平铺和侧铺两种铺设方式，但一般采用平铺方式；铺地砖纹亦有多种样式。

预制磨石地面

预制磨石用水泥将彩色石屑拌和，经成型、研磨、养护、抛光后制成。

【新手必读】路面铺装形式

根据路面铺装材料、装饰特点和园路使用功能，可以把园路的路面铺装形式分为整体现浇、片材贴面、板材砌块铺装、砌块嵌草和砖石镶嵌铺装五类。

一、整体现浇铺装

整体现浇铺装的路面适用于风景区通车干道、公园主园路、次园路或一些附属道路。园林铺装广场、停车场、回车场等也常常采用整体现浇铺装。采用这种铺装的路面主要是沥青混凝土路面和水泥混凝土路面。

1. 沥青混凝土路面

用 60～100mm 厚泥结碎石作为基层，以 30～50mm 厚沥青混凝土作为面层。根据沥青混凝土的骨料粒径大小，有细粒式、中粒式和粗粒式沥青混凝土可供选用。这种路面属于黑色路面，一般不用其他方法来对路面进行装饰处理。

2. 水泥混凝土路面

基层可用 80～120mm 厚碎石层或用 150～200mm 厚大块石层，在基层上面可用 30～50mm 粗砂作为垫层。面层则一般采用 C20 混凝土，做 120～160mm 厚。路面每隔 10m 设伸缩缝一道。对路面的装饰主要采取各种表面抹灰处理。

二、片材贴面铺装

片材是指厚度在 5～20mm 之间的装饰性铺装材料，常用的片材主要是花岗石、大理石、釉面墙地砖、马赛克和陶瓷广场砖等，各种类型的片材贴面铺装如图 2-127 所示。一般用于小游园、庭园、屋顶花园等面积不太大的地方。如果铺装面积过大，路面造价将会过高。

图 2-127　片材贴面铺装

片材贴面铺装一般都是在整体现浇的水泥混凝土路面上采用。在混凝土面层上铺垫一层水泥砂浆，起路面找平和结合作用。水泥砂浆结合层的设计厚度为 10 ~ 25mm，可根据片材具体厚度而确定；水泥与砂的配合比例采用 1 : 2.5。用片材贴面装饰的路面，其边缘最好要设置路缘石，以便于路边更加整齐和规范。各种片材铺装的进一步情况见表2-10。

表 2-10　各种片材铺装

名称	规格要求/mm	特点	适用范围	其他
青砖	机砖 240 × 115 × 53，标号 150 以上；大方砖 500 × 500 × 100；空隙率小于 5%	质地密实的青砖才可作为铺路砖，而目前市场上红砖质地松脆，易于剥落，不宜使用	风格古朴，施工简便，可拼凑成各种图案，适用于庭园。古建筑物附近尤为适宜	阴湿的地段路面易生青苔，在坡度较大的阴湿地段不宜使用
混凝土砖	大方砖 400 × 400 × 75、400 × 400 × 100、500 × 500 × 100，标号 200 ~ 250；小方砖 250 × 250 × 50，标号 250	坚固、耐用、平整，反光率大，路面要保持适当的粗糙度。可以做成各种彩色路面	适用于广场、庭园、公园干道，各种形状的花砖适用于公园的各种环境	最好适量加入炭黑以减少反光产生的刺眼
石板路	规模大小不一，但角块宽度不宜小于 200 ~ 300，厚度不宜小于 50	坦率、肃穆、粗犷、自然	自然式的小路或林中的活动场地	不宜通行重型车，否则易断裂、松动
乱石路	石块大小不一，有突出路面的棱角必须凿除，边石要大些方能牢固	粗犷、要求不高的路面	风景区僻野的小路	面层应尽量平整，以利行走，防疲劳
块石路	大石块面大于 200，厚 100 ~ 150，小石块面张 80 ~ 100，厚 200 直立铺砌	牢固、美观、耐久，整齐的块石铺装肃穆、庄重	适于古建筑物和纪念性建筑物附近	造价较高
卵石路	根据需要规格不一，施工时要注意长扁搭配	排水性好、耐磨，圆润细腻色彩丰富、装饰性强	适用于各种甬路、庭园铺装	易松动脱落，表面不平整、不便清洁
碎大理石片	规格不一，可少量与其他材料混合使用	样式富丽、华贵、装饰性强	由于表面光滑，不宜单独使用	坡地不宜使用

三、板材砌块铺装

用形状规整的板材、方砖、预制的混凝土砌块铺在路面作为道路结构面层的，都属于这类铺装形式，其类型和特点如下。这类铺装适用于一般的散步游览道、草坪路、岸边小路和城市游憩林荫道、街道上的人行道等。

1. 黏土砖铺装

黏土砖种类及设计参考尺寸，如图 2-128 所示。

图 2-128　黏土砖种类及设计参考尺寸

砖墁地时，用 30～50mm 厚细砂土或 3∶7 灰土作为找平层。方砖墁地一般采取平铺方式，有错缝平铺和顺缝平铺两种做法。铺装的砖纹在古代建筑庭园中有多种样式。长方砖则既可平铺，也可仄立铺装，铺装砖纹也有多种样式。在古代，工艺精良的方砖价格昂贵，用于高等级建筑室内铺装，尤其被叫做"金砖墁地"。庭园地面满铺青砖的做法则叫"海墁地面"。

2. 板材铺装

打凿整形的石板和预制的混凝土板都能用作路面的结构面层。这些板材常用于园路游览道的中带上，作为路面的主体部分，也常用作较小场地的铺装材料，如图 2-129～图 2-131 所示。

石板

石板一般被加工成如图 2-129 所示规格其下直接铺 30～50mm 的砂土作为找平层，可不做基层；或者，以砂土层作为垫层，在其下设置 80～100mm 厚的碎（砾）石层作为基层。石板下不用砂土垫层，而用 1∶3 水泥砂浆或 4∶6 石灰砂浆作结合层，可以确保面层更坚固和稳定。

图 2-129　石板规格

混凝土方砖

混凝土方砖为正方形，常见规格如图 2-130 所示。表面经翻模加工为方格纹或其他图纹，用 30mm 厚细砂土作为找平层进行铺砌。

图 2-130　混凝土方砖常见规格

预制混凝土板

预制混凝土板为正方形，其规格尺寸按照具体设计而定，常见规格如图 2-131 所示，铺砌方法同石板一样。不加钢筋的混凝土板其厚度不要小于 80mm。加钢筋的混凝土板最小厚度可仅为 60mm，所加钢筋直径一般用 6~8mm，间距为 200~250mm，双向布筋。预制混凝土铺砌板的顶面常加工成光面、彩色水磨石面或露骨料面。

图 2-131　预制混凝土板常见规格

3. 预制砌块铺装

预制砌块铺装用凿打整形的石块或用预制的混凝土砌块铺筑，也作为园路结构面层使用。混凝土砌块可设计为各种形状、各种颜色和各种规格尺寸的，还可以相互组合成路面的不同图纹和不同装饰色块，是目前城市街道人行道及广场铺装的最常见材料之一。

4. 预制路缘石铺装

路缘石铺装在道路边缘起保护路面作用，有用石材凿打整形为长条形的，也有按设计方案用混凝土预制的。

四、砌块嵌草铺装

砌块嵌草铺装是预制混凝土砌块和草皮相间的铺装路面，具有很好的透水透气性；绿色草皮呈点状或线状有规律地分布，在路面形成好看的绿色纹理，美化了路面。这种具有鲜明生态特点的路面铺装形式越来越受到人们的欢迎。采用砌块嵌草铺装的路面主要用在人流量不太大的公园散步道、小游园道路、草坪道路或庭园内道路等处，一些铺装场地如停车场等也可采用这种路面。

预制混凝土砌块按照设计可有多种形状，大小规格也有很多种，也可做成各种彩色的砌块。但其厚度都不小于 80mm，一般厚度都设计为 100~150mm。砌块的形状基本可分为空心的和实心的两类。由于砌块是在相互分离的状态下构成路面，使得路面尤其是在边缘部分容易发生歪斜、散落。因此，在砌块嵌草路面的边缘最好要设置路缘石加以规范和对路面起保护作用。另外，也可用板材铺砌作为边带，使整个路面更加稳定，不易损坏。

五、砖石镶嵌铺装

采用砖石镶嵌铺装的路面用砖、石子、瓦片、碗片等材料，通过镶嵌的方法将园路的结构面层做成具有美丽图案纹样的路面，其装饰性很强，趣味浓郁；但铺装中费时费工，造价较高，而且路面也不便行走。因此，只在人流不多的庭院道路和一部分园林游览道上才采用这种铺装形式。

镶嵌铺装中，一般用立砖、小青瓦瓦片来镶嵌出线条纹样，并组合成基本的图案。再用各色卵石、砾石镶嵌作为色块，填充图形大面，并进一步修饰铺装图案。我国古代砖石镶嵌铺装的传统图案纹样种类颇多，有几何纹、太阳纹、莲花纹、卷草纹、蝴蝶纹、云龙纹、涡纹、宝珠纹、如意纹、回字纹、席字纹、寿字纹等。还有镶嵌出人物事件图像的铺装，如：

胡人引驼图、奇兽葡萄园、八仙过海图、松鹤延年图、桃园三结义图、凤戏牡丹图、赵颜求寿图、牧童图、十美图等。

【高手必懂】当代铺装施工技术

当代铺装是相对中国古典园林铺装来讲的，指我国新建园林中的铺装纹样。中国现代园林在继承和发扬我国传统园林风格和优秀造园手法的基础上，为广大群众提供和创造了更为丰富多彩的游憩活动场所。这些场所的铺装采用现代材料，运用现代新技术，具有时代风貌。新建园林的这些特点也反映在园林铺装的设计和施工之中。

和传统铺装相比，现代铺装具有以下特点：由于游客多，对各种服务设施、管理的需要也相应增多，这一切都要求铺装承受更大的负担。这就要求园林铺装更坚固、更耐压、耐磨。铺装的纹样设计重视其装饰风格，简洁、明朗、色彩丰富。现代观念对纹样设计的影响等都使其更富于时代感。活动场地和休息场地的布置更符合现代人活动、娱乐和休憩的需要。据调查，由闷在家里看电视走向集体娱乐活动的人越来越多，这将对园林和旅游事业带来新的生机，从而影响到园林建设的方方面面。

一、混凝土铺地砖施工

现代园林由于游人量增大，运输荷载的增加，传统铺装的砖、卵石、碎石等材料就其强度、平整度和耐久性等方面往往不能满足使用要求。黑色沥青混凝土整体路面虽然能满足上述要求，但其又在美观及与周围环境协调等方面有不足。因此，以上铺装材料在国内外都逐渐让位于混凝土地面砖。

1. 常用的混凝土铺地砖

(1) 游步道砖　游步道砖的厚度通常可为 $3 \sim 7cm$，其形状可以设计得很丰富。适用于荷载不大的游步道、轻型车道、广场、庭院等区域的铺装。如果选用的面砖较薄，可在混凝土中加入钢筋。如果基层有足够的刚度，在夯实的素土上增加 $5 \sim 10cm$ 的粗砂即可铺装。如做彩色混凝土砖，其彩色层的厚度应为 $1cm$。混凝土的强度在南方地区为 $150 \sim 200kg/cm^2$，而在寒冷的北方地区则需满足 $400kg/cm^2$。

(2) 车行道面砖　公园的进出口广场和主干道都应考虑有一定荷载的车辆通过，因此其面砖厚度应为 $7 \sim 10cm$。为了分散可能压在单块砖上的局部荷载，这种砖通常应是不规则形状的。铺筑时可以相互咬住，以增加其抗压能力。通用的混凝土抗压强度为 $500kg/cm^2$。

(3) 套色混凝土面砖　这种砖是在一块混凝土砖上用不同色彩组成各种图案，可以适用于路面的镶边，或与其他路面砖拼花使用，能起到装饰路面和广场的作用。它的图案和色彩可以根据环境的要求任意设计，能较为自由地表现各种题材，使路面更好地成为景观的组成部分，丰富和加深景观的情趣。

2. 施工技术工艺流程

(1) 制胎　制胎是根据设计尺寸，选择有一定刚度的、表面光滑的方木，做成装折方便的框架（做成工具式，不要用钉子钉）。制胎时将框架放在工作台上，在框架内铺一层 $3cm$ 厚的雕塑泥（一般用普通黏土加一些碎棉花）或用白灰膏加适量的碎麻刀。放样后，将花纹剔除，为翻模方便剔除时要上面略大，下面略小，表面光滑，待泥胎风干到七八成（一般夏季半天，冬季适当延长）时即可使用。

(2) 翻模　在泥胎风干后，在胎上涂刷隔离剂。一般隔离剂应选用不脏构件表面、经济适用、配合简单的原料。常用的隔离剂有废机油和肥皂下脚料等。使用废机油时在泥胎表面均匀地刷 1~2 遍即可；使用肥皂下脚料时，将皂脚按其重量加水 50%，煮沸后使用，现在市场上生产的有一种名为软皂的成品可直接使用。其他像清油加火碱等也可作隔离剂，但成本较高。在翻水泥模时切勿损伤花纹、边角，翻好的水泥模要注意养护，达到强度后方能使用。

（3）制砖　制砖的过程与翻模的做法一样，待混凝土初凝后即可脱模，并随即填入彩色水泥。在填入彩色水泥时，要尽量保持砖面的清洁，并在次日使用 8%~12% 的草酸液用细磨石擦洗表面，使砖面的花纹清晰鲜明。

3. 彩色水泥的配制

各种彩色水泥的配制是在水泥中加入各种需要的着色剂。着色剂需选用不溶于水的无机矿物颜料，如红色的氧化铁、绿色的氧化铬、黄色的柠檬铬黄、黑色的炭黑等。各种颜色需自行调配，据经验有以下几种调配方法。

1）配制橙黄色水泥：白水泥 500g，加黄粉 10g、红粉 25g。

2）配制苹果绿色水泥：白水泥 1000g，加绿粉 150g、蓝粉 50g。

3）配制咖啡色水泥：普通水泥 500g，加黄粉 20g、红粉 15g。

4）配制云石：白水泥 1000g，普通水泥 500g，加绿粉 0.25g、蓝粉 0.1g。

从上面的配方中，可以看出如配制浅色、鲜艳的颜色选用白水泥，而配深色则可选用普通水泥，并且着色剂的用量一般不超过混凝土中石粉用量的 10%，通常为石粉重量的 1%~5%，应根据需要而定。

二、花岗石铺装施工

1. 施工技术

（1）垫层施工　将原有水泥方格砖地面拆除后，平整场地，用蛙式打夯机夯实，浇筑 150mm 厚素混凝土垫层。

（2）基层处理　检查基层的平整度和标高是否符合设计要求，偏差较大的事先凿平，并将基层清扫干净。

（3）找水平、弹线　用 1:2.5 水泥砂浆找平，用作水平灰饼，弹线、找中、找方。施工前一天洒水湿润基层。

（4）试拼、试排、编号　花岗石在铺筑前对板材进行试拼、对色、编号整理。

（5）铺筑　弹线后先铺几条石材作为基准，起标筋作用。铺筑的花岗石事先洒水湿润，阴干后使用。在水泥焦渣垫层上均匀地刷一道素水泥浆，用 1:2.5 干硬性水泥砂浆做黏结层，厚度根据试铺高度决定黏结厚度。用铝合金尺找平，铺筑板块时四周同时下落，用橡胶锤敲击平实，并注意找平、找直，如果有锤击空声，需揭板重新增添砂浆，直至平实为止，最后揭板浇一层水灰比为 0.5 的素水泥浆，再放下板块，用锤轻轻敲击铺平。

（6）擦缝　待铺筑的板材干硬后，用与板材同颜色的水泥浆填缝，表面用棉丝擦拭干净。

（7）养护、成品保护　擦拭完成后，面层盖一层塑料薄膜，减少砂浆在硬化过程中的水分蒸发，增强石板与砂浆的黏结牢固度，确保地面的铺筑质量。养护期为 3~5 天，养护期禁止上人上车，并在塑料薄膜上再覆盖硬纸垫，以保护成品。

2. 花岗石铺装做法

花岗石铺装做法如图 2-132 所示。

图 2-132 花岗石铺装做法

图 2-132　花岗石铺装做法（续）

图 2-132　花岗石铺装做法（续）

三、雕砖卵石嵌花路面施工

雕砖卵石嵌花路面不仅在我国古典园林艺术中有着独特的风采，在现代园林中的一些重点部分更需要用其生动、细腻地表现花草、鸟兽、人物故事等，以加强园林的艺术价值。在铺地中雕砖一般多为平雕，即雕刻的图案完全在一个平面上，也可以用浅浮雕。雕好砖后，按设计要求，将砖墁好，然后在花饰空白的地方码栽各色石子，形成一幅幅精美的画面，如图 2-133 所示。

图 2-133 雕砖卵石嵌花路面

其施工工艺如下。

1. 雕砖

雕砖俗称硬花活，其雕刻的程序如图 2-134 所示。

雕砖雕刻的程序

画样 — 雕刻的砖应事先按要求砍磨加工好，然后用笔在砖上画出雕刻的纹样，其题材应根据需要选择好

耕 — 在砖面上，用最细的钻子沿画面的笔迹线细细地走一遍叫"耕"，其目的是防止笔迹线在雕刻的过程中被涂抹掉

钉窟窿 — 将形象以外的部分钉除，钉出图案纹样的轮廓，钉孔的深度为2.5cm

见细 — 又称捅道，是将图案中细微的部分雕刻清晰

图 2-134 雕砖雕刻的程序

2. 墁砖

墁砖首先是把已夯好的路基表面耙松、找平，然后按如图 2-135 所示程序进行。

墁砖程序

样趟 — 在路缘石砌块的外面，先坐灰泥（4:6的白灰和土）然后摆砖，并用碨锤轻轻拍打，目的是检查坐灰的高度是否达到表面平顺、与灰泥结合得是否密实、砖缝是否对得严整

揭趟 — 将墁好的砖再揭起来，在不合格的砖上做好记号，并重新调整好，按次序排好，以便对号入座

铺面层 — 在找平的灰泥土上泼洒白灰浆，俗称"坐浆"，同时用麻刷蘸水将砖的侧面刷湿，在砖的里口抹上油灰（传统方法是用桐油、白灰、青灰、白面调制而成。现在常用3:2:0.5:2的水泥、耐火土、桐油加水调配而成）按原位置将砖墁好

图 2-135 墁砖程序

3. 栽卵石

墁砖完成后，在钉出的花饰空白的地方抹上油灰（或水泥），按设计纹样的要求栽上卵石。选卵石时，卵石的色彩对比要强烈，要排齐码顺，拍打平整。最后用生灰粉面将表面的油灰揉搓清扫干净，或用草酸刷洗干净，用湿麻袋盖好，养护数日。

四、透水性路面施工

透水性路面是指能使雨水通过、直接渗入路基的人工铺筑的路面。它具有的优点：能改善植物和土壤、微生物的生存条件和生活环境；有利于降低城市噪声；有利于改善城市的生活环境；减少对公共水域的污染，减少城市雨水管道设施的负担；蓄养地下水源，增加路面的空气湿度，减少热辐射等；增加路面的抗滑性能，改善步行条件。由此可知，其具有使水还原于地下的性能。

透水性路面的适用范围是人行道、居住区小路、公园路和通行轻型交通车及停车场等地的路面。透气性路面有以下 5 种。

嵌草路面

嵌草路面有两种类型：

一种是在块料路面铺装时，块料与块料之间留有空隙，在其空隙间种草，如冰裂纹嵌草路，空心砖纹嵌草路和人字纹嵌草路等。

另一种是制作成可以种草的各种纹样的混凝土路面砖，如图 2-136 所示。这种路面与块料或混凝土统铺路面相比，具有较好的透水、透气性能，能降低路面的地表温度，易与自然环境相协调，但路面的强度和平整度不够，故不能行车，只能用于步行小路或在小庭院使用。在北方城市，由于气候干燥，特别是在游人多的地方，所栽的草不易成活。

图 2-136　混凝土路面砖

彩色混凝土透水透气性路面

采用预制彩色混凝土异型步道砖为骨架，与无砂水泥混凝土组合而成的组合式面层一般采用单一粒级的粗骨料，不用或少用细骨料，并以高标号水泥为胶凝材料配制成多孔混凝土。其空隙率达 43.2%，步道砖的抗折强度不低于 4.5MPa，无（少）砂混凝土抗折强度不低于 3MPa，因此具有强度较高，透水效果好的性能。

基层选用透水性和蓄水性较好、渗透系数不小于 10^{-3}cm/s 又具有一定强度和稳定性的天然级配砂砾、碎石或矿渣等组成。过滤层是为了在雨水向地下渗透过程中起过滤作用，并防止软土路基土质污染基层而设置。过滤层材料的渗透系数应略大于路基的渗透系数。为确保基层具有足够的透水性，路基土质的塑性指数不宜大于 10，应防止在重黏土路基上修筑透水性路面。修整工路基时，其压实度宜控制在重型击实标准的 87% ~ 90%。其构造如图 2-137 所示。

图 2-137　透水性路面结构图

透水性沥青路面

透水性沥青路面通常用直馏石油沥青。在车行道上，为提高骨料的稳定性和改善耐久性，有必要使用掺橡胶和树脂等办法改善沥青的性质。上层粗骨料为碎石、卵石、砂砾石、矿渣等，下层细骨料用砂、石屑，并要求清洁，不能含有垃圾、泥土及有机物等。石粉主要使用石灰岩粉末，为防止剥离，可与消石灰或水泥并用。掺料为总料重量的20%左右。对于黏性土这种难于渗透的土路基，可在垂直方向设排水孔、灌入砂子等。常用透水性沥青路面如图2-138和图2-139所示。

透水砖路面

透水砖的主要生产工艺是将煤矸石、废陶瓷、长石、高岭土、黏土等粒状物与结合剂拌和、压制成型，再进入高温煅烧而形成具有多孔的砖。其材料强度高、耐磨性好。透水砖路面如图2-140所示。

图 2-138　透水性车行道路面　　图 2-139　透水性人行道路面　　图 2-140　透水砖路面

改善粗砂路面

在普通粗砂路面结构层不变的情况下，在面层加防尘剂。该防尘剂以羧基丁苯胶乳为主要成分。其胶结性好、渗透性强，不影响土壤的多孔性、透水性，不污染环境，不影响植物生长。刮8~9级大风不扬尘。其做法同透水性人行道路面。

五、彩色地坪施工

彩色地坪是使用预拌材料，在新浇混凝土表面采用干撒法施工，粉料很容易抹入新浇混凝土表面，经固化后，保证了耐磨硬化地面与基层混凝土的整体结合，克服了普通混凝土表面易起砂、起鼓、裂缝等常见缺点，并使之具有高密度、高硬度、高耐磨、抗腐蚀的特性。适用于所有需要承受繁忙交通负荷的工作领域，如仓库及货物堆放区、工业厂房、车间地面停车场、超市、医院、学校、球场等。

彩色地坪随表面处理方法的不同而变化，不易打滑，其表面肌理可以达到天然材料的效果，例如板石、砂石、花岗石、石灰石、木头和圆石等。图案、颜色、纹理可任意组合。

彩色草坪的施工过程如下。

（1）支模板打垫层　在浇筑区外围打上模板，用钉子打牢。在浇筑区域内铺一层碎砖石，并夯实，形成坚实的基础。

（2）摊铺、着色　由内到外的顺序，在场内的一端开始浇筑混凝土，对表面进行粗抹。干撒彩色强化剂，并进行粗抹使其与混凝土形成整体。

（3）抹平收光、抛撒彩色脱模剂　弥补前期工程遗留的缺陷，形成平滑的表面。抛撒彩色脱模剂起到脱模、养护和二次着色的作用。

（4）压印　用选定好的模具进行压印，实现不同的纹理和款式。

（5）后期处理　压印结束后需对混凝土进行养护、切割伸缩缝、清洗、修补、密封等处理，才能达到最终的装饰效果。

第三章
园桥工程

园桥设计

【新手必读】园桥选址

园桥所在的环境主要是园林水环境，但也有少数情况下可作为旱桥设置在没有水的地方。园桥选址主要有以下5种情况。

在水面最窄处或两岸距离较窄的地方设置园桥

园路与河渠、溪流交叉时，在水面最窄处或两岸距离较窄的地方设置园桥，可以把中断的路线连接起来。原则上，桥址应选在两岸之间水面最窄处或距离较窄的地方，如图3-1所示；附近有窄水面而不利用，而将园桥设在宽水面处，会增加造桥费用，并给人矫揉造作之感。跨越带状水体的园桥，造型可以比较简单，有时甚至只搭上一个混凝土平板就可作为小桥，但其造型要做得小巧别致，富于情趣，如图3-2所示。

图3-1　在水面最狭窄处设置园桥

图3-2　跨越带状水体的园桥

在大水面设置较长的园桥

在大水面上造桥，最好采用曲桥、廊桥、栈桥等比较长的园桥。桥下不通过游船时，桥面可设计得低平一些，使人更接近水面。桥下需要通过游船时，则可把部分桥面抬高，做成拱桥样式。在湖中岛屿靠近湖岸的地方一般也要设置园桥，要根据岛、岸间的距离决定设置长桥还是短桥。在大水面沿边与其他水道相交接的水口处设置拱桥或其他园桥，可以增添岸边景色，如图3-3所示。

图3-3 在大水面设置较长的园桥

在小水面适宜设置体量较小、造型简洁的园桥

庭园水池或一些面积较小的人工湖适宜设置体量较小、造型简洁的园桥。用园桥来分隔水面，小曲桥、拱桥、汀步等都可选用。但是要注意，小水面尤其忌讳从中部均等分隔，均等分隔就意味着水景没有主次之分，无法突出水景的重点，如图3-4所示。

在假山断岩处将园桥做成天桥造型

为了连接中断的假山磴道，可将园桥设置在假山断岩处，做成天桥造型。这能够给人奇特有趣的感受，并丰富假山景观。在风景区游览小道延伸至无路的峭壁前，可以架设栈桥通过峭壁，如图3-5所示。

图3-4 汀步　　　　　　　　　　　图3-5 园桥的天桥造型

在山壁边或水边设置栈桥

在植物园的珍稀草本植物展区或动物园的珍稀小动物展区，设置栈桥将游人引入展区，游人可以在栈桥上观赏植物或动物，与观赏对象更加接近，同时又可使展区地面环境和动植物展品受到良好的保护。在园林内的水生及沼泽植物景区，也可采用栈桥形式，将人们引入沼泽地游览观景，如图 3-6 所示。

图 3-6　栈桥

【新手必读】园桥设计步骤

园桥设计步骤如图 3-7 所示。

图 3-7　园桥设计步骤

【高手必懂】园桥设计要点

园桥设计需要注意以下 5 点。

园桥的造型体量应与园林环境、水体大小协调

大水面空间开阔，为突出水景效果，常取多孔拱桥，园桥的体量与水体大小应相称，如北京颐和园十七孔桥（图 3-8）。小水面常建单跨平桥或折桥，使人能接近水面，如南京瞻园小曲桥（图 3-9）；而平静的小水面及小溪流，常设置贴近水面的小桥或汀步过水，使人接近水面，远观也不使空间隔断。

园桥的栏杆是丰富桥体造型的重要因素

栏杆的高度要合乎安全需要，也要与桥体的大小宽度相协调，如苏州园林中的园桥一般只设置低矮的坐凳栏杆，其造型也很简洁，甚至有些园桥只设置单面栏杆或不设置栏杆以突出园桥的轻快造型，如图 3-10 所示。

图 3-8　北京颐和园十七孔桥

图 3-9　南京瞻园小曲桥　　　　　　　　图 3-10　拙政园小飞虹

园桥与岸相接处，要处理得当以免生硬呆板

园林中常以灯具、雕塑、山石、花木来丰富桥体与岸壁的衔接，桥头装饰有显示桥位、提高安全性的作用，因此这些装饰物兼有引导交通的作用，绝不可阻碍交通。

园桥上下的交通要求

桥体尺度除应考虑水体大小、道路宽度及造景效果外，还要满足功能上通车、行船所需的高度、坡度要求。为满足人流集散与停留观景等要求，园林中常设置桥廊及桥头小广场。

园桥的照明

园桥上的灯具，具有良好的桥体装饰效果，在夜间游园更有指示园桥的位置及照明的作用。灯具可结合园桥的体形、栏杆及其他装饰物统一设置，使其更好地突出园桥的景观效果，尤其是夜间的景观。

第二节
园桥施工

【新手必读】施工准备

园桥施工前，必须对设计文件、图纸、资料进行现场研究和核对；查明文件、图纸、资料是否齐全，如果发现图纸及资料欠缺，错误，矛盾，必须向业主提出补全和更正。如果发现设计与现场有出入，必要时应进行补充调查。园桥开工前应依据设计文件和任务要求编制施工方案，其中包括编制依据、工期要求、材料和机具数量、施工方法、施工力量、进度计划、质量管理等。同时应编制实施施工组织设计，使施工方案具体化，一般园桥的施工组织设计可配合路基施工方案编制。

【新手必读】施工前测量

1）对业主所交付的园桥的中线位置桩、三角网基点桩、水准基点桩及其测量资料进行检查、核对，如果发现桩基不足，有移动现象或测量精度不够，应按规定要求精度进行补测或重新核对并对各种控制点进行必要的移设或加固。

2）补充施工需要的园桥中线位置桩、墩台位置桩、水准基点桩及必要的护桩。

3）当地下有电缆、管道或构造物靠近开挖的园桥基础位置时，应对这些构造物设置标桩。监理工程师应当检查承包商所确定的园桥位置是否符合设计位置，如果发现有可疑之处，应要求承包商提供测量资料，检查测量的精度，必要时可要求承包商复测。

【高手必懂】基础施工

园桥的结构基础根据埋置深度分为浅基础和深基础，园桥常用的基础类型是天然地基上的浅基础，当设置深基础时常采用桩基础。基础所用的材料大多为混凝土或钢筋混凝土结构，石料丰富的地区也常采用石砌基础。

扩大基础的施工一般采用明挖的方法，当地基土质较为坚实时，可采取放坡开挖，否则应做各种坑壁支撑；在水中开挖基坑时，应预先修筑围堰，将水排干，然后再开挖基坑。明挖扩大基础的施工主要内容包括定位放样、基坑开挖、基坑排水、基底处理与砌体砌筑。

一、定位放样

在基坑开挖前，需进行基础的定位放样工作，即将设计图上的基础位置准确地设置到桥址位置上来。基坑各定位点的标高及开挖过程中，标高检查应按一般水准测量方法进行，如图3-11为桥台基础定位放样示意图。

图3-11 桥台基础定位放样示意图

二、基坑开挖

基坑开挖应根据土质条件、基坑深度、施工期限以及有无地表水或地下水等因素采用适当的施工方法，各类型基坑开挖的方法如下。

不加支撑的基坑开挖

常用的不加支撑的基坑开挖形式如图3-12所示。对于一般园桥的基础、工程量不大的基坑，可以采用人工施工。施工时，应注意以下几点：

坚硬黏土

a)

b)

c)

d)

土层

坚硬土或岩石层

图3-12　不加支撑的基坑开挖形式

a) 垂直坑壁　b) 斜坡坑壁　c) 阶梯坑壁　d) 上层斜坡下层垂直坑壁

1）在基坑顶缘四周适当距离处设置截水沟，并防止水沟渗水，以免地表水冲刷坑壁，影响坑壁的稳定性。

2）坑壁边缘应留有护坡道，静荷载距基坑边缘不少于0.5m，动荷载距基坑边缘不少于1.0m；垂直坑壁边缘的护坡道还应适当增宽；水文地质条件欠佳时应有加固措施。

3）基坑施工不可延续时间过长，自开挖至基础完成，应抓紧时间连续施工。

4）如果用机械开挖基坑，挖至坑底时应保留不少于30cm的厚度，在基础浇筑圬工前直接用人工挖至基底标高。

加支撑的基坑开挖

土质不易稳定并有地下水等影响或施工现场条件受限时，可采用加支撑的基坑。常用的坑壁支撑形式有：直衬板式坑壁支撑、横衬板式坑壁支撑、框架式坑壁支撑及其他形式的坑壁支撑（如锚桩式、锚杆式、锚碇板式、斜撑式等），如图3-13所示。

水中基础的基坑开挖

桥梁墩台基础常位于地表水位以下，有时水的流速较大，施工时应在无水或静水的条件下进行。桥梁水中基础开挖最常用的方法是围堰法。围堰的作用主要是防水和围水，有时还起支撑基坑的作用。施工时应注意如下几点：

1）围堰顶高宜高出施工期间最高水位70cm以上，最低不应小于50cm，用于防御地下水的围堰宜高出水位或地面20～40cm。

2）围堰外形应适应水流排泄，大小不应压缩流水截面过多，堰身截面尺寸应保持足够的强度和稳定性，使基坑开挖后围堰不致发生破裂、滑动或倾覆。

3）一般应安排在枯水期进行。

图 3-13　加支撑的基坑形式

三、基坑排水

基坑排水的方法有两种，即集水坑排水法和井点排水法，如图 3-14 所示。

图 3-14 基坑排水的方法

四、基底处理

天然地基基础的基底土壤好坏对基础、墩台以及上部结构的影响很大，一般应进行基底的处理工作，具体处理方法如下。

岩层

1）风化的岩层基底应清除岩面碎石、石块、淤泥、苔藓等。

2）风化的岩层基底，其开挖基坑尺寸要少留或不留富余量，灌注基础圬工同时将坑底填满，封羽岩层。

3）岩层倾斜时，应将岩面凿平或凿成台阶，使承重面与重力线垂直，以免滑动。

4）砌筑前，岩层表面用水冲洗干净。

黏土层

1）铲平坑底时，不能扰动土壤的天然结构，不得用土回填。

2）必要时，加铺一层10cm厚的夯填碎石，碎石面不得高出基底设计标高。

3）基坑挖完处理后，应在最短期间砌筑基础，防止暴露过久土壤变质。

碎石及砂类土壤

碎石及砂类土壤承重时应修理平整并夯实，砌筑前铺一层2cm厚的浓稠水泥砂浆。

湿陷性黄土

1）基底必须有防水措施。

2）根据土质条件，使用重锤夯实、换填、挤密桩等措施对其进行加固，改善土层性质。

冻土层

1）冻土基础开挖宜用天然或人工冻结法实施，并应保持基底冻层不融化。

2）基底设计标高以下，铺设一层10~30cm厚的粗砂或10cm厚的冷混凝土垫层，作为隔热层。

软土层

1）基底软土深度小于2m时，应将软土层全部挖除，换以中、粗砂、砾石、碎石等力学性质较好的填料，分层夯实。

2）软土层深度较大时，应布置砂桩（或砂井）穿过软土层，上层铺砂垫层。

溶洞

1）暴露的溶洞应用浆砌片石、混凝土填充，或填砂、砾石后，加水泥浆充实加固。

2）检查有无隐蔽溶洞，在一定深度内钻孔检查。

3）有较深的溶沟时，也可做钢筋混凝土盖板或梁跨越，也可改变跨径避开。

4）基础回填不得使用砂、砾石等透水材料，应用原土加夯封闭。

泉眼

1）插入钢管或做木井，引出泉水使之与圬工隔离，然后用水下混凝土填实。

2）把坑底凿成暗沟，上放盖板，将泉水引出至基础以外的汇水井中抽出，圬工硬化后，停止抽水。

五、砌体砌筑

在基坑中砌筑基础砌体，可分为无水砌筑、排水砌筑和水下灌筑三种情况。基础砌体用料应在挖基完成前准备好，以确保能及时砌筑基础，防止基底土壤变质。

1. 排水砌筑

排水砌筑是保证在无水状态下的砌筑砌体。禁止带水作业以及用混凝土将水赶出模板外的灌筑方法；基础边缘部分应严密隔水；水下部分砌体必须待水泥砂浆或混凝土终凝后方可浸水。

2. 水下灌筑

水下灌筑法一般只有在排水困难时采用。基础砌体的水下灌筑分为水下封底和水下直接灌筑基础两种。前者封底后仍要排水再砌筑基础，封底只是起封闭渗水的作用，其混凝土只作为地基而不作为基础本身，适用于板桩围堰开挖的基坑。水下封底为满足防渗漏的要求，混凝土的最小厚度一般为 2m 左右。水下封底混凝土的灌筑方法采用的是垂直移动导管法，如图 3-15、图 3-16 所示。对于大体积的混凝土，可分层分段逐次灌筑。对于强度要求不高的围堰封底水下混凝土，也可以一次由一端逐渐灌筑到另一端。采用导管法灌筑水下混凝土

图 3-15　水下封底混凝土

要注意几个问题：导管应测试拼装，充水加压，检查导管有无漏水现象；为使混凝土有良好的流动性，粗骨料粒径以 2～4cm 为宜；必须确保灌筑工作的连续性，在灌筑过程中要正确掌握导管的提升量，埋入深度一般不应小于 0.5m。

图 3-16　垂直移动导管法

【高手必懂】桥基、桥身施工

桥基是介于桥墩与地基之间的传力结构。桥身是指桥的上部结构，包括人行道、栏杆与灯柱等部分。

一、基础与拱碹工程施工

1. 模板安装

模板是施工过程中的临时性结构，对桥梁的制作十分重要。桥梁工程中常用空心板梁的木制芯模构造。模板在安装过程中，为防止壳板与混凝土黏结，通常在壳板面上涂以隔离剂（如石灰乳浆、肥皂水等）。

2. 钢筋绑扎成型

在钢筋绑扎前要先拟定安装顺序。一般的梁肋钢筋，应先放箍筋，再安装下排主筋，然后安装上排钢筋。

3. 混凝土搅拌

混凝土一般应采用机械搅拌，上料的顺序一般是先石子，次水泥，后砂子。人工搅拌只用于少量混凝土工程的塑性混凝土或硬性混凝土。不管采用机械或人工搅拌，都应使石子表面包满砂浆、拌合料混合均匀、颜色一致。

人工拌和应在铁板或其他不渗水的平板上进行，先将水泥和细骨料拌匀，再加入石子和水，拌至材料均匀、颜色一致为止，如果需掺外加剂，应先将外加剂调成溶液，再加入拌和水，与其他材料拌匀。

4. 浇捣

当构件的高度（或厚度）较大时，为确保混凝土能振捣密实，应采用分层浇筑法。浇筑层的厚度与混凝土的稠度及振捣方式有关。在一般稠度下，用插入式振捣器振捣时，浇筑层厚度为振捣器作用部分长度的 1.25 倍；用平板式振捣器振捣时，浇筑层厚度不应超过 20cm。薄腹 T 梁或箱形的梁肋，用侧向附着式振捣器振捣时，浇筑层厚度一般为 30 ~ 40cm。采用人工捣固时，视钢筋密疏程度，通常取浇筑厚度为 15 ~ 25cm。

5. 养护

在混凝土终凝后，在构件上覆盖草袋、麻袋、稻草或砂子，经常洒水，以保持构件经常处于湿润状态。这是 5℃ 以上的桥梁施工的自然养护。

6. 灌浆

石活安装好后，先用麻刀灰对石活接缝进行勾缝（如缝很细，可勾抹油灰或石膏），以免灌浆时漏浆。灌浆前最好先灌注适量清水，以湿润内部空隙，有利于灰浆的流动。灌浆应在预留的"浆口"进行，一般分三次灌入，第一次要用较稀的浆，后两次逐渐加稠，每次相隔约 3 ~ 4h。灌完浆后，应将弄脏的石面洗刷干净。

二、细石安装

1. 石活的连接方法

石活的连接方法如图 3-17 所示。

图 3-17　石活的连接方法

2. 细石安装工程

（1）砂浆　一般指用水泥砂浆，即水泥、砂、水按一定比例配制成的浆体。对于配制构件的接头、接缝加固、修补裂缝应采用膨胀水泥。运输砂浆时，要确保砂浆具有良好的和易性，和易性良好的砂浆容易在粗糙的表面抹成均匀的薄层，砂浆的和易性包括流动性和保水性两个方面。

（2）金刚墙　是券脚下的垂直承重墙，即现代的桥墩，又称为"平水墙"。梢孔（即边孔）内侧以内的金刚墙一般做成分水尖形，故又称为"分水金刚墙"。梢孔外侧的金刚墙称为"两边金刚墙"。

（3）碹石　古时多称券石，在碹外面的称为碹脸石，在碹脸石内的称为碹石，主要是加工面多少的不同，碹脸石可雕刻花纹，也可加工成光面。

（4）檐口和檐板　建筑物屋顶在檐墙的顶部位置称为檐口，钉在檐口处起封闭作用的板称为檐板。

（5）型钢　是断面呈不同形状的钢材的统称，断面呈 L 形的称为角钢，呈 U 形的称为槽钢，呈方形的称为方钢，呈圆形的称为圆钢，呈 T 形的称为 T 字钢，呈工字形的称为工字钢。将在炼钢炉中冶炼后的钢液浇入锭模，浇筑成柱状的是钢锭。

三、混凝土构件

混凝土构件制作的工程内容有模板制作、安装、拆除、钢筋绑扎成型、混凝土搅拌运输、浇捣、养护等过程，具体内容如下：

1. 模板制作

模板制作应注意：

1）木模板配制时要注意节约，考虑周转使用以及以后的适当改制使用。

2）配制模板尺寸时，应考虑模板拼装结合的需要。

3）拼制模板时，板边要找平刨直，接缝严密，不漏浆；木料上有节疤、缺口等疵病的部位，应放在模板反面或者截去，钉子长度一般宜为木板厚度的 2~2.5 倍。

4）直接与混凝土相接触的木模板宽度不宜大于 20cm；工具式木模板宽度不宜大于 15cm；梁和板的底板，如果采用整块木板，其宽度则不加限制。

5）混凝土面不做粉刷的模板，一般宜刨光。

6）配制完成后，不同部位的模板要进行编号，写明用途，分别堆放，备用的模板要遮盖保护，以免变形。

2. 模板安装

模板安装主要是用定型模板和配制以及配件支撑件根据构件尺寸拼装成所需的模板。及时拆除模板，将有利于模板的周转和加快工程进度。拆模要把握时机，应使混凝土达到必要的强度，要注意下列几点：

1）拆模时不要用力过猛过急，拆下来的木料要及时运走、整理。

2）拆模程序一般是后支的先拆，先支的后拆；先拆除非承重部分，后拆除承重部分。重大复杂模板的拆除，应预先制定拆模方案。

3）定型模板，特别是组合式钢模板要加强保护，拆除后逐块传递下来，不得抛掷，拆下后，立即清理干净，板面涂油漆，按规格堆放整齐，以便于再用。如果背面油漆脱落，应补刷防锈漆。

【高手必懂】桥面施工

桥面是指桥梁构件的上表面。通常布置要求为线形平顺，与路线顺利搭接。桥梁在平面上宜做成直桥，特殊情况下可做成弯桥，如采用曲线形，应符合线路的布置要求。桥梁平面布置应尽可能采用正交方式，避免与河流或桥上路线斜交。如果受条件限制，跨线桥斜度不宜超过15°，在通航河流上不宜超过15°。

梁桥的桥面通常由桥面铺装、防水和排水设施、伸缩缝、人行道、栏杆、灯柱等构成。

一、桥面铺装

桥面铺装的作用是防止车轮轮胎或履带直接磨耗行车道板，保护主梁免受雨水侵蚀，分散车轮的集中荷载。桥面铺装样式如图3-18所示。

图3-18　桥面铺装样式

图 3-18 桥面铺装样式（续）

桥面铺装的要求是：具有一定强度，耐磨，避免开裂。桥面铺装一般采用水泥混凝土或沥青混凝土，厚为 6～8cm，混凝土强度等级不低于行车道板混凝土的强度等级。在不设置防水层的桥梁上，可在桥面上铺装厚为 8～10cm 有横坡的防水混凝土，其强度等级也不得低于行车道混凝土的强度等级。石桥面铺筑一般用石板、石条铺筑桥面，在桥面铺筑的石层下应做防水层，采用 1 mm 厚的沥青和石棉沥青各一层作为底。石棉沥青用七级石棉 30%、60# 石油沥青 70% 混合而成。在其上铺沥青麻布一层，再敷石棉沥青和纯沥青各一道作为防水面层。

二、桥面排水和防水

桥面排水是借助于纵坡和横坡的作用使桥面水迅速汇向集水碗，并从泄水管排出桥外。横向排水是在铺装层表面设置 1.5%～2% 的横坡，横坡的形成通常是铺筑混凝土三角垫层构成，对于板桥或就地建筑的肋梁桥，也可在墩台上直接形成横坡，而做成倾斜的桥面板。

1. 桥面排水

当桥面纵坡度大于 2% 而桥长小于 50m 时，桥上可不设泄水管，而在车行道两侧设置流水槽以免雨水冲刷引道路基，当桥面纵坡度大于 2% 但桥长大于 50m 时，应沿桥长方向每隔 12～15m 设置一个泄水管，若桥面纵坡度小于 2%，则应将泄水管的距离减小至 6～8m。

2. 桥面防水

桥面防水是将渗透过铺装层的雨水挡住并汇集到泄水管排出。一般可在桥面上铺 8～10cm 厚的防水混凝土，其强度等级一般不低于桥面板混凝土的强度等级。当对防水要求较高时，为了避免雨水渗入混凝土微细的裂纹和孔隙，保护钢筋时，可以采用"三油三毡"防水层。

三、伸缩缝

为确保主梁在外界变化时能自由变形，需要在梁与桥台之间，梁与梁之间设置伸缩缝（也称变形缝)。伸缩缝的作用除确保梁自由变形外,还可使车辆在接缝处平顺通过,避免雨水及垃圾泥土等渗入,其构造应方便施工安装和维修。常用的伸缩缝有:U 形锌铁皮伸缩缝、橡胶伸缩缝、木板伸缩缝。伸缩缝的做法如图 3-19 所示。下面就 U 形锌铁皮伸缩缝与橡胶伸缩缝做具体介绍。

图 3-19　伸缩缝的做法

1. U 形锌铁皮伸缩缝

对于中小跨径的桥梁,当变形量在 2 ~ 4cm 以内时,常采用以锌铁皮为跨缝材料的伸缩缝构造,如图 3-20 所示。弯成 U 形断面的长条锌铁皮分上下两层,上层的弯形部分开凿了孔径为 0.6cm、孔距为 3cm 的梅花眼,其上设置石棉纤维垫绳,然后用沥青胶填塞。这样,当桥面伸缩时锌铁皮可随之变形。下层 U 形锌铁皮可将渗下的雨水沿横向排出桥外。

图 3-20　U 形锌铁皮伸缩缝尺寸

a) 以钢板为跨缝材料　b) 借助螺杆弹簧装置

c) 采用两侧同时滑动的钢板伸缩缝　d) 采用梳形齿式钢板伸缩缝

2. 橡胶伸缩缝

利用各种断面形状的优质橡胶带作为伸缩缝的填嵌材料,既富于弹性,又易于胶结(或胶接），能满足变形要求并兼备防水功能。橡胶带是厂制成品，使用起来也很方便，目前在国内外已广泛采用。

如图 3-21a 表示的是一种特制的三节型橡胶带代替锌铁皮的构造，带的中节是空心的，它对于变形与防水都有很好的效果。

用氯丁橡胶制作的具有 2 个圆孔的伸缩缝嵌条，如图 3-21b 所示。将梁架好后，在端部焊上角钢（角钢之间的净距可比橡胶嵌条的宽度小 1cm），涂上胶后，再将橡胶嵌条强行嵌入。橡胶伸缩缝可随着人行道弯折，嵌条接头处用胶黏结。

用螺栓夹具固定倒 U 形橡胶嵌条的伸缩缝构造，其适用的变形量可达 5cm，如图 3-21c 所示。

在变形量更大的大跨度桥上，可以采用橡胶和钢板组合模数式伸缩缝构造，如图 3-21d、e 所示。其中橡胶嵌条的数量可按变形量的大小选取，车轮荷载则通过一组钢板来传递。图中为常用的 D80 型和 D160 型伸缩缝（数字代表容许变形量，以毫米计），这种伸缩缝的变形形量可达 1040mm（即 D1040 型）。

图 3-21 橡胶伸缩缝

a）一种三节型橡胶带代替锌皮 b）用氯丁橡胶制作伸缩缝嵌条

c）用螺栓夹具固定 U 形橡胶嵌条 d）、e）用橡胶和钢板组合模数式伸缩缝

采用橡胶伸缩缝来代替跨搭钢板式伸缩缝，可以避免污物落入缝内，省去排水溜槽，可以减小活载的动力作用，简化接缝构造和安装工艺，并能节约钢材。

四、人行道、栏杆和灯柱

城市桥梁一般均应设置人行道，人行道一般采用肋板式构造。

栏杆是桥梁的防护设备，城市桥梁栏杆应该美观实用、朴素大方，栏杆高度通常为 1.0 ~ 1.2m，标准高度为 1.0m。栏杆柱的间距一般为 1.6 ~ 2.7m，标准间距为 2.5m。

城市桥梁应设照明设备，照明灯柱可以设在栏杆扶手的位置上，也可靠近边缘石处，其高度一般高出行车道 5m 左右。

只设安全带的人行道构造，可以单独做成预制块件，与梁一起预制或与铺装层一起现浇。安全带宜每隔 2.5 ~ 3m 设一断缝，以免参与主梁受力而被损坏，如图 3-22a 所示。

附设在板上的人行道构造，人行道部分用填料垫高，上面敷设 2 ~ 3cm 的砂浆面层（或沥青砂），如图 3-22b 所示。在人行道内边缘设有缘石，以对人行道起安全保护作用。缘石可用石料或预制混凝土块砌筑，也可在板上现浇。在跨径小而人行道又宽的桥上，也可用专门的人行道承重板直接搁置在墩台的加高部分上，如图 3-22c 所示。对于整体浇筑的钢筋混凝土梁桥，常将人行道设在从桥面板挑出的悬臂上，如图 3-22d 所示。这样做能缩短墩台长度，但施工不太方便。

图 3-22　人行道和安全带

a）只设置安全带的构造　b）附设在板上的人行道构造
c）用专门的人行道承重板搁置在墩台的加高部分　d）人行道设从桥面板挑出的悬臂上

五、梁桥支座

梁桥支座的作用是将上部结构的荷载传递给墩台，同时确保结构的自由变形，使结构的受力情况与计算简图相一致。

梁桥支座一般按桥梁的跨径、荷载等情况分为：简易垫层支座、弧形钢板支座、钢筋混凝土摆柱、橡胶支柱。桥面的一般构造如图 3-23 所示。

图 3-23　桥面的一般构造

【高手必懂】栏杆施工

一、栏杆的种类

1. 持杖栏板

持杖栏板在两栏杆柱之间的栏板中最上面设一根圆形模杆的扶手，即为持杖；其下由雕刻为云朵状石块承托，此石块称为云扶；再下为瓶颈状石件，称为瘿项，支立于盆臀之上；再下为各种花饰的板件。

2. 罗汉板

罗汉板只有栏板而不用望板，在栏杆端头用抱鼓石封头。位于雁翅桥面里端拐角处的柱子称为"八字折柱"，其余的栏杆柱都称为"正柱"或"望柱"，简称栏杆柱，如图3-24所示。

图3-24 栏杆式样

3. 栏杆地栿

栏杆地栿是栏杆和栏板最下面一层的承托石，在桥长正中带弧形的称为"罗锅地栿"，在桥面两头的称为"扒头地栿"。

4. 其他栏杆

金属栏杆是指布置在楼梯段、平台或走廊等边缘外，有一定刚度和安全性的保护设施。它一般多用方钢、圆钢、扁钢等型钢焊接而成。方钢多为$15 \sim 25$mm，圆钢为$\phi 16 \sim 25$mm，扁钢多为$(30 \sim 50)$mm $\times (3 \sim 6)$mm，钢管多为$\phi 20 \sim 50$mm，栏杆高度$900 \sim 1100$mm，栏杆垂直件的空隙不应大于110mm。

栏杆与楼段的连接通常有三种方法：在楼段与栏杆的对应位置预埋件焊接；预留孔洞用细石混凝土填实；电锤钻孔用膨胀螺栓固定。

二、其他问题

1. 防潮

防潮层的材料和具体做法如下。

（1）防水砂浆防潮层　具体做法是抹一层25mm厚1:2.5水泥砂浆，掺入适量的防水剂，一般为水泥用量的5%，以代替油毡等防水材料。

（2）油毡防潮层　在防潮层部位先抹20mm厚砂浆找平层，然后做一毡二油，油毡的宽度应比找平层每侧宽10mm，油毡沿长度方向铺筑，其搭接长度应大于100mm。

（3）混凝土防潮层　由于混凝土本身具有一定的防水性能，因此在防潮层的部位浇筑一层60mm厚细石混凝土带，内配3φ6mm钢筋或3φ8mm钢筋。

（4）防水砂浆砌砖　采用防水砂浆砌三皮砖，作为防潮层。

2. 防水

对位于非冰冻地区的桥梁要作适当的防水，可在桥面上铺筑8～10cm厚的防水混凝土铺装层。

第四章
广场工程

第一节
广场规划设计

【新手必读】广场规划设计的原则

一、生态性原则

现代城市中的广场规划设计应该以城市生态环境的可持续发展为出发点。在设计中充分引入自然，再现自然，适应当地的生态条件，为市民提供各种活动场所并创造景观优美、绿化充分、环境宜人、健全高效的生态空间。

二、以人为本原则

1. 多样性

由于参与活动的人数、年龄、人们之间的关系不同，就要求建造出不同的空间形式。因此，广场规划设计应具有空间多样性、设施多样性以及功能多样性的特点。空间多样性包括大空间、小空间、适合年轻人的空间、适合老年人的空间、私密空间、开放性空间等，如图 4-1、图4-2 所示。

图 4-1　适合老年人的空间

图 4-2　私密空间

多样的空间需要多样的环境设施来支持，例如：人数较多就要求广场有大面积的铺装，并有一定空间层次的变化，老年人需要休息设施，年轻人及小孩需要娱乐性强的设施，同时广场规划设计要考虑到功能的多样性，以支持各种使用群体多样的活动。

2. 无障碍设计

广场应体现对人的尊重和关爱，给弱势群体平等参与社会创造机会。广场要尽量满足大多数使用群体的需要，同时要关爱老年人、残疾人、孕妇、儿童等弱势群体，在设计和建设时理应给予体贴关怀。如在广场地形有起伏的地方设计坡道；广场铺装较为粗糙，有一定的防滑性且有趣味性；在不影响广场整体功能发挥的同时，应该为弱势群体开辟一些单独的安全空间；公共设施方面要设立专用设施；广场还要设立必要的指示标记，便于人们辨别方向等，如图4-3所示。

图4-3　广场指示标记

3. 注重细节考虑和细部处理

以人为本设计还表现在对细部空间的考虑是否周全和细致。要充分考虑户外空间的日照、遮阳、通风等因素，使广场能保持人们心理、生理上的舒适。良好的细部设计包括：建筑物的体量和形式、空间的形态、材料的质感和色彩、设施的尺度、地面的标高和铺装、小品的形式等硬质景观以及绿化配置等软质景观。

4. 重视公众参与性

广场空间环境中应引导公众积极投入参与。参与性不仅表现于市民对广场各种活动的参与，也体现在广场的创作设计汲取市民的意愿和意见，公众的参与可以提高创作的潜力。此外，公众参与性还体现在公众参与城市广场的管理上，人在广场上活动通常会产生破坏行为，常使城市广场使用功能不能连续发挥而极大地影响了市民的活动。公众参与管理可以加强人们的主人翁意识，实现公共设施的合理利用，有助于提高人们的素质。

三、完整性原则

广场设计时要明确广场的主要功能，在此基础上，辅以次要功能，主次分明，以确保其功能上的完整性。广场应该充分考虑它所处环境的历史背景、文化内涵、周边建筑风格等问题，以保证其环境的完整性。

四、系统性原则

广场设计应该根据周围环境特征、城市现状和总体规划的要求，确定其主要性质和规模，统一规划、统一布局，使多个广场相互配合，共同形成城市开放空间体系。

五、特色性原则

广场应突出人文特性和历史特性。通过特定的使用功能、场地条件、人文主题以及景观艺术

处理塑造广场的鲜明特色。同时，还应
继承城市当地本身的历史文脉，适应地
方风情、民俗文化，突出地方建筑艺术
特色，增强广场的凝聚力和城市旅游吸
引力。此外，广场还应突出其地方自然
特色，即适应当地的地形地貌和气温气
候等。广场应强化地理特征，尽量采用
富有地方特色的建筑艺术手法和建筑材
料，体现地方园林特色，以适应当地气
候条件，如图4-4所示。

图4-4　唐山抗震纪念碑广场

六、突出主题原则

围绕主要功能，明确广场的主题，形
成广场的特色和内聚力与外引力。因此，
在广场规划设计中，应力求突出广场在塑
造城市形象、满足人们多层次的活动需要
与改善城市环境的三大功能，并体现时代
特征、城市特色和广场主题。

七、效益兼顾原则

不同类型的广场都有一定的主导功
能，但是现代城市广场的功能却向综合性
和多样性衍生，满足不同类型的人群不同
方面的行为、心理需要，艺术性、娱乐

图4-5　洪山广场

性、休闲性和纪念性兼收并蓄，给人们提供了能满足不同需要的多样化的空间环境，如图4-5
所示。

【新手必读】广场规划设计的要点

一、注意空间划分

现在的广场一般都比较大，需要划分成
不同的领域，以适应不同年龄、不同兴趣、
不同文化层次的人们开展多种活动的需要。
广场空间应以"块状空间"为主，"线状空
间"不适合活动的开展，如图4-6所示。

二、充分利用边缘效应

广场四周的边界是公共活动的密集区和
环境依托点。

图4-6　法国卢浮宫广场

三、适当增加构筑物

广场不能过于空荡，要有一定的构筑物，如柱子、廊架、台阶、栏杆、林荫树、花坛等。研究表明：人们在广场中用于进出和行走的时间只占20%左右，而用于逗留和活动的时间约占80%。人在逗留和活动时，总是选择那些有所依靠的地方，人们宁愿挤坐在台阶和水池壁上，也不愿意坐在没有依靠的空地上，因此适当增加构筑物是必要的，如图4-7所示。

a）

b）

图4-7 广场构筑物

四、绿化

广场绿化从功能上讲，主要是为人们提供在林荫下休息的环境，它可以调节视觉，点缀环境，因此，可以多考虑铺装结合树池以及花坛、花钵等形式，其中花坛、花钵可以结合座位。大树尤其是古树、名木应该作为重要的构成元素，融进广场的整体设计之中。广场绿化要和广场的其他要素作为一个整体，统一协调，如图4-8所示。

五、注意交通组织

过去的广场与街道是一个步行系统，而现在机动车道往往将行人与广场分开。因此，广场规划设计一定要解决好车辆进出和停车问题，可以采取立交方式，安全方便是前提，千万不可忽视。

图4-8 植物园广场古树

六、广场铺装

广场是室外空间，铺装应以简洁为主，切忌室内化倾向，同时要与功能结合，如通过质感变化，标明盲道的走向，通过图案明暗和色彩的变化，界定空间的范围等。可使用水泥方砖、广场砖、混凝土，创造出许多质感和色彩搭配的组合。

七、小品与细部

园凳是广场最基本的设施，应布置在空间亲切宜人，具有良好的视野条件，并且有一定的安全感和防护性的地段。此外，园林小品设计必须提供辅助座位，如台阶、

图 4-9 园林小品

花池、矮墙等，往往会收到很好的效果，如图 4-9 所示。喷泉水景的设计要考虑气候条件，最好能与活动相结合，而不单单是让人看，这也是广场水景的一个特点。

【高手必懂】广场规划设计的空间构成

一、空间构成的形态要素

1. 空间构成的基本要素

空间构成的基本要素是由抽象化的点、线、面、体所组成，在这些要素中，点是任何"形"的原生要素，一连串的点可以延伸为线，由线也可以展开为面，而面又可以聚合成体。所以，点、线、面、体在一定条件下是可以相互转化的。

（1）点　从概念上讲，点没有长度、宽度和深度，但大小却是有相对性的。在形态构成中，当一个基本形相对于周围环境的基本形较小时，它就可以看成是一个点。一个点可以用来标志为如下方式：

1）一条线的两端。

2）两条线的交点。

3）面或体的角点。

4）一个范围的中心。

此外，点由于在视觉上感受不同，也会形成虚的点、线化的点和面化的点三种。

5）虚的点。虚的点是相对于实的点而言的，是指由于图形的反转关系而形成的点的感觉。

6）线化的点。线化的点是指点要素以线状的形式排列而形成的线的感觉。

7）面化的点。面化的点是指点要素在一定范围内排布而形成的面的感觉。

（2）线　从概念上讲，线有长度，但没有宽度和深度。然而，线的长度与宽度和深度的关系也不是绝对的。在形态构成中，当任何基本形的长度与宽度和深度之比的悬殊较大时，就可以看成是线。因此，它们的比例关系具有相对性。线的形状有直线、折线、曲线之分。线可以看成是点的轨迹、面的边界以及体的转折。形态中的各种线要素除实线以外，由于视觉上的感受不同，又会形成虚线、面化的线和体化的线。

1）虚线。虚线是指图形之间所形成的线状间隙，由于图形的反转关系而形成的线的感觉。

2）面化的线。面化的线是指一定数量的线排列而形成的面的感觉。

3）体化的线。体化的线是指一定数量的线排列形成面并围合成体状所形成的体的感觉。

（3）面 从概念上讲，一个面有长度和宽度，但没有深度。在形态构成中，当体的深度较浅时，也可以把它看成是面。面的形状有直面和曲面两种。面是一个关键的基本要素，它可以看成是轨迹线的展开、围合体的界面。形态中的各种面要素除实面以外，由于视觉上的感受不同，又会形成虚面、线化的面和体化的面。

1）虚面。虚面是相对于实面而言的，是指图形经过图纸的反转关系而形成的虚面的感觉。

2）线化的面。线化的面是指面的长度比值较为悬殊时形成了线的感觉。

3）体化的面。体化的面是指由面围合或排列成体状时形成了体的感觉。

（4）体 从概念上讲，一个体有三个量度，即长度、宽度和深度。在形态构成中，体可以看成是点的角点、线的边界、面的界面共同组成的。然而，在体的另一种基本类型曲面体中，角点、边界和界面并不存在。形态中各种体要素除实体、虚体以外，由于视觉上感受不同，又会形成点化的体、线化的体和面化的体。

1）点化的体。点化的体是指体与周边环境相比较小时形成了点的感觉。

2）线化的体。线化的体是指体的长度、宽度和深度的比值比较悬殊时形成了线的感觉。

3）面化的体。面化的体是指体的形状较扁时形成了面的感觉。

2. 空间构成的限定要素

限定要素是构成空间形态不可或缺的要素，主要指如何采用基本要素中的线、面要素来构成空间。限定要素主要包括水平要素、垂直要素和综合要素三种。

（1）水平要素 水平要素是相对于"背景"而言的，与具有对比性的背景呈水平状态的"平面"可以从背景中限定出一个空间范围。由于这个平面与背景之间的高度变化，从而产生出不同的空间限定感。水平要素包括了基面、基面下沉、基面抬起和顶面。

1）基面。基面也称为"底面"，这是一种与背景没有高度变化，基面与背景之间处于重合的状态，如图 4-10a 所示。

2）基面下沉。基面是将基面下沉于背景以下，使基面与背景产生高度变化，利用下沉的垂直高度限定出一个空间范围，如图 4-10b 所示。

3）基面抬起。基面抬起与基面下沉形式相反，但作用相似。它是将基面抬至背景以上，使基面与背景之间有高度变化，沿着抬起的基面边界所建立的垂直高度，可以从视觉上感受到空间范围的明确和肯定，如图 4-10c 所示。

4）顶面。顶面可看成是基面抬起方式的延伸，只不过限定的空间范围是处于顶面与背景之间。因此，这个空间范围的形式是由顶面的形状、大小以及与背景以上的高度所决定的，如图 4-10d 所示。

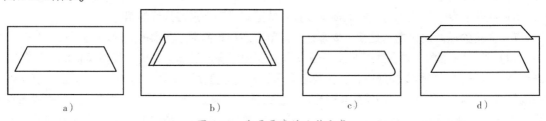

a）　　　　　　　b）　　　　　　　c）　　　　　　　d）

图 4-10　水平要素的几种方式

a）基面　b）基面下沉　c）基面抬起　d）顶面

（2）垂直要素 垂直要素的限定作用是通过建立一个空间范围的垂直界限来实现的。与水平要素相比，垂直要素不仅造成了空间范围的内外有别，而且还给人提供了一种强烈的空间围合感。因此，垂直要素在限定空间方面明显强于水平要素。垂直要素主要包括垂直线、垂直面两种。

1）垂直线。垂直线因使用数量的不同，在空间限定方面的作用也随之不同。当 1 根垂直线位于一个空间的中心时，将使围绕它的空间明确化；而当它位于这个空间的非中心时，虽然该部位的空间感增强，但整体的空间感减弱。2 根垂直线可以限定一个面，形成一个虚的空间界面。3 根或更多的垂直线可以限定一个空间范围的角，构成一个由虚面围合而成的通透空间。垂直线数量对空间限定的影响，如图 4-11 所示。

图 4-11 垂直线数量对空间限定的影响

2）垂直面。垂直面有单一垂直面、平行垂直面、L 形垂直面、U 形垂直面、口形垂直面五种。

单一垂直面

当单一垂直面直立于空间时，就产生了一个垂直面的两个表面。这两个表面可明确地表达出其所面临的空间，并成为两个空间的界面，但却不能完全限定其所面临的空间，如图 4-12 所示。

图 4-12 单一垂直面

平行垂直面

一组相互平行的垂直面则可以限定它们之间的空间范围。这个空间敞开的两端，是由平行垂直面的边界所形成的，给空间造成强烈的方向感。方向感的方向是沿着这两个平行垂直面的对称轴线向两端延伸的，如图 4-13 所示。

图 4-13 平行垂直面

L 形垂直面

由 L 形垂直面的转角处限定出一个沿着对角线向外延伸的空间范围。这个空间范围在转角处得到明确界定，而当从转角处向外运动时，空间范围感逐渐减弱，并于开敞处迅速消失，如图 4-14 所示。

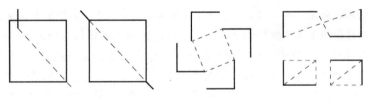

图 4-14　L 形垂直面

U 形垂直面

U 形垂直面是由三个垂直面围合组合而成的，它可以限定出一个空间范围。该空间范围内含有一个焦点，即中心。这一焦点的基本方位是朝着敞开处的端部，如图 4-15 所示。

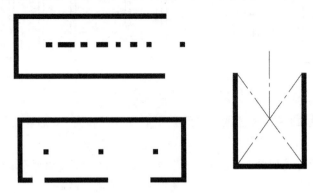

图 4-15　U 形垂直面

口形垂直面

口形垂直面是由四个垂直面围合而成的，界定出一个明确而完整的空间范围。同时，也使内部空间与外部空间相互分离开来。这是最典型的建筑空间的限定方式，也是限定作用最强的方式，如图 4-16 所示。

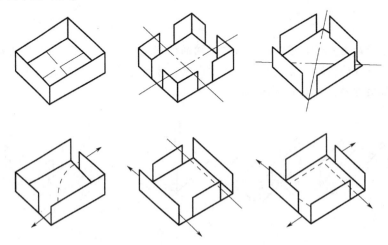

图 4-16　口形垂直面

（3）综合要素　由于空间是一个整体，在大多数情况下，空间都是通过水平要素和垂直要素的综合运用，相互组合来构成的。通过水平要素底面、基面下沉、基面抬起、顶面及垂直要素的单一垂直面、平行垂直面、L形垂直面、U形垂直面、口形垂直面相互配合来形成的。虽然通过部分水平要素或各种垂直要素可以形成外部空间，通过部分水平要素可以形成"灰空间"，但要生成"内部空间"，则要依赖于综合要素，即水平要素和垂直要素的综合构成。

二、空间构成的形态结构

1. 连接式

连接式是指两个相互分离的空间可由第三个中介空间来连接的形态结构。在这种彼此建立的空间关系中，中介空间的特征起到决定性的作用；中介空间在形状和尺寸上可以与它所连接的两个空间相同或不同。当中介空间的形状和尺寸与它所连接的空间完全一致时，就构成了重复的空间系列；当中介空间的形状和尺寸小于它所连接的空间时，强调的是自身的联系作用；当中介空间的形状和尺寸大于它所连接的空间时，则成为整个空间体系的主体空间。

2. 集中式

集中式是指等某一空间上升为中心主体空间，并组织起周围一定数量的次要空间时，便成为一种集中式的形态结构。中心主体空间一般是规则式的、较稳定的形式，尺寸较大，以至于可以统率次要空间，并在整体形态上居主导地位；而次要空间的形式可以相同，也可以不同，尺寸上也相对较小。

3. 放射式

放射式是由一个处于集中位置的中央主体空间和若干个向外发散开来的串联式空间组合而成的形态结构。它是向心性的，趋向于向中央主体空间聚集。

4. 交叉式

交叉式是指两个空间的一部分区域交叉，将成为原有空间的一部分或新的空间的形态结构。空间的形状和完整程度则因交叉部位而发生变化。当交叉部位为两个空间共享时，空间的形状和完整程度保持不变；当交叉部位与其中一个空间合并，成为其一部分时，就使另一空间的形状不完整，降为次要的和从属的地位；当交叉部分自成为一个新的空间时，就成为两个空间的连接空间，则两个空间的形状和完整性发生改变。

5. 包容式

包容式是指一个大的空间完全包容另一个小的空间的形态结构。在这种空间关系中，大尺寸与小尺寸的差异显得尤为重要，因为差异越大包容感越强，反之，包容感则越弱。当大空间与小空间的形状相同而方位相异时，小空间具有较大的吸引力，大空间中因产生了第二网格，留下了富有动感的剩余空间；当大空间与小空间的形状不同时，则会产生两者的强烈对比。

【高手必懂】广场规划设计的方法

一、广场的选址和主题的确定

1. 广场的选址

广场应该选在城市的中心地段，最好与城市中重要的历史建筑或公共建筑相结合，通过环境的整体性来体现广场的主题和氛围。

2. 广场主题的确定

不是所有的广场都需要有明确的主题。从类型看，纪念性广场、城市中心广场主题性比较强，而一般的文化休闲广场、商业广场则是以活动和使用为主。另外，通过举办一些有意义的、持久性的活动，可以体现广场的特色。

二、广场的面积与比例尺度

1. 广场的面积

1）一般城市中心广场的用地面积为 $1.5 \sim 10\mathrm{hm}^2$，中小城市的中心广场面积多在 $5\mathrm{hm}^2$ 以下；园林广场的面积应当比城市中心广场小一些，$0.5 \sim 5\mathrm{hm}^2$。

2）广场面积的大小应根据园林用地情况、广场功能的需要和园景建设的需要来确定。用地宽裕的，广场面积可大一些；用地不足的，广场就应小一点，或者不设广场；交通性、集会性强的，广场面积应比较大；以草坪、花坛为景观主体的，面积也要大一些；而单纯的门景广场、音乐广场、休息广场等，面积就可以稍小一点。

3）广场上各功能局部的用地面积要根据实际需要合理分配。例如：担负着节假日文艺活动和集会功能的园景广场，其人群活动所需面积可按 $0.5\mathrm{m}^2$/人来计算，并且广场大部分面积都要做成铺装地面；以主题纪念为主的广场，其路面铺装和纪念设施占地面积在广场总面积的40%以上；以景观、绿化为主的休闲广场，如花园式广场、音乐广场等，其绿化面积则应占60%以上的用地；而公园出入口内外的门景广场，由于人、车集散，交通性较强，绿化用地就不能有很多，一般都在 10% ~ 30%，其路面铺装面积则常达到70%以上。

2. 广场的比例和尺度

比例是指一个事物整体中的局部与自身整体之间的数比关系。比例是广场设计中最基本的手法之一，也是最具表现力的手法之一。正确地确定广场比例可以构成良好的广场组合形式关系。由于广场构图的各个部分、各尺寸有不同性质的关系，因此比例尺度主要取决于广场的性质和功能。尺度是以人的自身尺寸与他物尺寸之间所形成的特殊数比关系，所谓特殊是指尺度必须是以人的自身尺寸作为基础。比如，一个人站在天安门广场上，他与广场形成的关系就是尺度关系，又如某一个人分别站在天安门广场和北京站前广场上，他与这两个广场的尺度关系就大不相同，如图4-17所示。

广场的规划设计应结合围合广场的建筑物的尺度、形体、功能以及人的尺度来考虑，当建筑物的高度和广场的宽度相等时，广场就有一种封闭感，当广场宽度超过建筑物高度2倍时，广场就有一种开敞的感觉。大而单纯的广场对人有排斥性，小而局促的广场令人有压抑感，而尺度适中有较多景点的广场富有较强的吸引力。对于广场的适宜尺度，一般应遵循以下原则：视距与建筑物高度的比例为 $1.5 \sim 2.5$，视距与建筑物高度构成的视角为 $18° \sim 27°$。

广场的尺度除了大的结构关系外，还要充分考虑到人的尺度，特别是在细部设计中，如台阶、花池、坐凳、电话亭、广告标识、铺装图案等，这样才能更好地体现"以人为本"的设计原则。

三、广场的布局形式

在广场实践中，对称形式与非对称形式是广场形式中最普遍的构成形式。

1. 对称形式

对称形式的类型包括反照对称形式（镜像对称形式）和轴对称形式（相等对称形式）。镜像对称形式是对称最简单的形式，它主要是几何形的两半相互反照。轴对称形式是相等结构的对称形式，主要是通过旋转图形的方法取得。

图 4-17 视点、视域、视距关系示意及空间感受图

2. 非对称形式

广场的非对称形式是指不采用镜像对称形式和轴对称形式的结构形式，非对称形式的各个部分应力求取得均衡。均衡是构成广场协调的基础，取决于是否正确地符合广场功能要求和艺术完整性的处理。非对称形式的广场的均衡可以用各种手法来实现。

非对称形式的广场构成取决于形成它们的具体条件：特定的内容、广场与周围环境的特殊关系。非对称形式均衡的形成条件是通过统一的比例权衡关系，它可以实现非对称形式的各个组成部分的协调。为了使广场中单元构件合乎比例，把广场各个构件不同部分进行重复和模数化，只有形成严格尺度关系的形态和色彩相似关系才能实现非对称形式的协调和均衡。

四、广场的空间组织

人们对所处的空间位置极为敏感，对不同的高度有不同的感受。因此，在广场景观设计中需要注意对地面高差的处理。任何场所都有一个隐形的基准线，人可以位于这个基准线的表面，也可以高于或低于该基准线。高于这个基准线会令人产生一种权威与优越感，低于此线则会令人产生一种亲切与保护感。地面上升和下沉都能起到限定空间的作用，可以从实际上和心理上摆

脱外界干扰，给在其中活动的人们以安全感和归属感。一般来说，上升意味着向上进入某个未知场所，下沉则意味着向下进入某个已知场所。

五、广场的平面形状

广场有封闭式的，也有开放式的，其平面形状多为规则的几何形，通常以长方形为主。长方形广场较易与周围地形及建筑物相协调，因此被广泛采用。从空间艺术上的要求来看，广场的长度不应大于其宽度的3倍；长宽比在4:3、3:2或2:1之间时，艺术效果比较好。广场为圆形、椭圆形或方圆组合形的情况较常见，但其占地面积更大一些，用地不是很经济，在用地宽松的情况下，采用这些形状的广场也很常见。椭圆形广场、纵横轴的长度比例不宜超过2:1。

此外，梯形、三角形等几何形在广场平面形状中也偶有所见。面积较小的园景广场还可以采用自然形或不规则的几何形等，其形状设计更为自由些。正方形广场的空间方向性不强，空间形象变化较少，因此不常被采用，如图4-18所示。

图4-18　常见广场平面形状

六、广场的功能分区

与城市中心广场相比，园景广场周边接入道路不多，路口较少，因此其平面形状一般都比较完整。由于园景广场的交通性较不重要，因此在功能布置和园景设计上就相对比较方便。设计广场时，一般先要把广场的纵轴线、横轴线和广场中心确定下来。利用轴线的自然划分，把广场分成几个具有相似和对称形状的区域，然后根据路口分布和周围环境情况赋予各区域以不同的功能，成为在景观上协调统一、在功能上互有区别的各个功能区。例如：休息区、游览散步区、雕塑区以及音乐广场的演奏区、听众区等。纵横轴线沿线地带一般布置广场主要景观设施，可以作为单独的功能区。

七、广场的地面装饰

广场的铺装地面面积较大，在广场设计中占有重要的地位。地面除了常用整体现浇的混凝土铺装之外，还常用各种抹面、贴面、镶嵌及砌块的铺装方法进行装饰美化。各种路面铺装形式，一般都可以在广场地面铺装中采用。广场的地面装饰形式如下。

图案式地面装饰

采用不同颜色、不同质感的材料和铺装方式在广场地面做出简洁的图案和纹样。图案和纹样应规则对称，在不断重复的图形线条排列中创造生动的韵律和节奏。采用图案式地面装饰时，应注意图案线条的颜色要偏淡偏素，绝不能浓艳。除了黑色以外，其他颜色都不要太深太浓。对比色的应用要掌握适度，色彩对比不能太强烈。地面装饰中，路面质感的对比可以比较强烈，如磨光的地面与露骨料的粗糙路面就可以相互靠近、强烈对比，如图4-19所示。

色块式地面装饰

地面装饰材料可选用3～5种颜色，表面质感也可以有2～3种表现。广场地面不做图案和纹样，而是铺装成大小不等的方、圆、三角形及其他形状的色块。色块之间的颜色对比可以强一些，所选颜色也可以比图案式地面装饰更加浓艳一些。但路面的基调色块一定要明确，在面积、数量上一定要占主导地位，如图4-20所示。

线条式地面装饰

地面色彩和质感处理是在浅色调、细质感的大面积底色基面上，以一些主导性的、特征性的线条造型为主进行装饰。这些造型线条的颜色比底色深，也更要鲜艳一些，质感常也比基面粗糙，是地面上比较容易引人注意的视觉对象。线条的造型有直线、折线形，也有放射状、流线形、旋转形，还有长短线组合、曲直线穿插、排线宽窄渐变等富于韵律变化的生动形象，如图4-21所示。

图4-19　图案式地面装饰　　　图4-20　色块式地面装饰　　　图4-21　线条式地面装饰

阶台式地面装饰

将广场局部地面做成不同材料质地、不同形状、不同高差的台形或阶形，使地面具有一定的竖向变化，又使局部地面从周围地面中独立出来，在广场上创造出一种特殊的地面空间。例如：在广场上的雕塑位点周围设置具有一定宽度的台形地面，就能够为雕塑提供一个独立的空间，从而可以很好地突出雕塑作品；在座椅区、花坛区、音乐广场的演奏区等地方通过设置台形地面来划分广场地面，不仅能突出个性空间，还可以很好地强化局部地面的功能特点；将广场水景池周围地面设计为几级下行的阶梯，使水池成为下沉式水池，水面更低，观赏效果将会更好。

总之，宽阔的广场地面中，如果有一些竖向变化，则广场地面的景观效果定会有较大的提高，如图4-22所示。

图4-22　阶台式地面装饰

八、广场内景观的布置

广场内部可以布置的景观设施多种多样，有雕塑、花坛、草坪、水池、休闲设施等。

1. 雕塑布置

在广场布置的雕塑可以有石雕、不锈钢雕、铜雕等，布置雕塑需注意以下几点。

1）雕塑材料一定要坚固耐久，不易风化破坏。

2）主体性或主题性雕塑一般布置在广场中心或中轴线的交叉点上，以便获得最突出的表现；次要的从属性雕塑，既可以规则对称地布置在主题雕塑的前后左右，呈烘托状，又可以布置在中轴大道两侧，对称地排成两列，还可以在广场路口的两旁布置一对雕塑，作对峙状；个别小型雕塑也可布置在广场某一角专设的小场地。

3）雕塑作品的下面都应有基座，基座是作品不可分割的一部分，由雕塑作者设计。

4）一般雕塑的前方应当安排有足够的观赏视距，视距长短根据雕塑的高度而定；在需要观赏雕塑全景及其周围环境的情况下，最小视距应为雕塑高度的 3 倍以上；在只需要观赏雕塑细部时，最小视距可仅为雕塑高度的 2 倍；如果是横向尺度大于竖向尺度的群雕，则取群雕宽度 1.2 倍以上距离作为最小观赏视距，雕塑布置如图 4-23 所示。

a）　　　　　　　　　　b）

c）

图 4-23　长春世界雕塑园

2. 花坛布置

花坛是广场上主要的景观设施，广场上的花坛按照规则对称关系组成花坛群。花坛群的布置应注意以下几点。

1）花坛群的外形应当和广场的形状相一致，花坛群内个体花坛的形状则要与所处的局部场地形状相适应。

2）花坛群及其主景花坛的平面形状宜为规则对称的形状，群内其他个体花坛的形状则可以是不对称的形状。

3）所有个体花坛都要按照统一的轴线轴心关系紧密地组合在一起，构成协调统一而又富于变化的、主体突出而又结构清楚的花坛群体。

4）花坛的总面积一般不超过广场面积的 1/3，但也不小于 1/15。

5）除主景花坛外，一般个体花坛的短轴宜取 8～10m，超过 10m 短轴的花坛显得太宽，其内的图案模纹透视变形较大，观赏不便。

6）花坛边缘石一般用砖砌筑，形状宜简单；砌筑好后要用水泥砂浆抹面、水刷石饰面、釉面砖或花岗石贴面等方式给予表面装饰处理；边缘石顶面宽度设计为 15～35cm，应高出花坛外地坪 15～40cm。

7）花坛的图案纹样可按模纹花坛、文字花坛、盛花花坛等类型进行设计，曲线图形或直线纹样都可以，但要求点线排列整齐，图案对称，配色鲜艳，装饰性较强，如图 4-24、图 4-25 所示。

图 4-24　天安门广场花坛

图 4-25　云南昆明世博园时钟花坛

3. 草坪布置

广场上的草坪一般采用观赏草坪的形式，选用的草种观赏价值要高，要有利于长期稳定地发挥其绿化装饰作用。广场上观赏草坪的布置可以参照花坛的方式方法另行设计，也可以直接利用花坛群内一些个体花坛来作为草坪种植床。草坪布置在主景水池、主题雕塑或主景花坛的周围，可作为装饰性的环绕草坪带。如果布置在广场主道的两侧，又可作为镶边的草坪带。而直接用花坛的种植床铺种草坪，则是一般观赏草坪最常见的布置形式，当然也是广

图 4-26　草坪作为花坛底色

场草坪的主要铺种形式。广场草坪的一个更重要的作用是作为模纹花坛、文字花坛等的基面底色，在花坛的图案造型中成为不可缺少的重要组成部分，如图 4-26 所示。

4. 水池布置

布置在广场上的观赏水池多采用规则式，其平面形状一般根据广场及水池所处局部场地的形状来确定，有方形、长方形、圆形、方圆及椭圆形等形状，也有做成窄渠加方池或圆池，甚至做成某些具有抽象特点的变异形状的水池。

作为广场重要的景观设施之一，水池常布置在广场中轴线上，也常与喷泉结合做成喷泉池，构成广场的主景。水池还能很容易地与花坛群组合，成为花坛群的中心景观或局部空间的重要景观，使水景与花卉景相互映衬，共同装饰广场空间。将观赏水池布置在广场休息区旁作为休息区的前景，能够提高休息环境的装饰性和趣味性。此外，还可考虑将露天舞台与水池相结合，形成休闲广场，为人们提供娱乐场所。水池布置如图 4-27 所示。

a）

b）

c）

图 4-27　凡尔赛宫花园中的水池

5. 休息设施布置

广场与园路不同，它要吸引游人停留下来驻足观景。虽然在广场上也可散步，但这种散步不是通行性质，而是一种逗留方式。因此，广场必须设置足够的休息设施。广场休息设施的数量应按休息座位数加以估算。除去游艺、集会活动性质的广场之外，一般的休息性广场都要按游人容纳量的一定比例来计算所需座位数。休息设施的一部分可采取集中方式布置在广场某区域，其他部分则可与广场多种景观和设施结合起来，灵活地布置在广场上。

（1）集中布置休息设施　这种布置方式主要是在广场上划出一片合适的区域，安排一定数量的桌椅，成为广场冷热饮料点、休闲咖啡座或音乐茶座等。或者是以带座板的花架绿廊为主，并结合花架设置几处桌凳俱全的休息小场地，供游人棋牌娱乐及休息用。采用集中方式布置的桌椅可以选用铁制、木制或塑料制品，也可以用石材打制或用混凝土预制。

（2）分散布置的休息设施　分散布置有如下四种基本布置方式，如图4-28所示。

四种基本布置方式

选用铁、木、塑料、石材或混凝土制作的桌、椅、凳，分散布置在广场边缘的乔木林带下面或广场中的遮阳树下

在上有树木遮阳的铺装地面或广场道路旁边，分散布置一些大小相间、高低有别、顶面平整光洁的自然石块，既可作为场地和路边的自然景物装饰，又可兼作坐凳使用

结合广场花台、栏杆、挡土墙等进行设计，在这些环境小品上附设部分座板或座椅，使其既起到花台、栏杆和挡土墙的作用，又具备一些坐凳的功能

直接利用花坛、花台、水池的边缘石和池壁顶面作为坐凳替代物，将边缘石和池壁的顶面设计成高、宽各为30～40cm的尺寸，表面用花岗石、釉面砖、白色水磨石等光洁材料装饰，可作为休息坐凳，而且还可减少广场上其他凳、椅的数量

图4-28　四种基本布置方式

在广场上的水池边和花坛群的内部，坐凳的布置要和水池、花坛的设计一同考虑，并预先留出空处。在花坛沿边和游览道旁，设计几处整齐排列的凹陷区域，如矩形、梯形或月牙形凹陷均可，并以这种凹陷作为布置园凳的专门位置。在路面、场地转角处的阴角部位也是布置坐凳的好地方，这里属于道路场地的死角，安排座位不会影响其他游人散步游览。坐凳的布置如图4-29所示。

a)　　　　　　　　　　　　　b)

c)　　　　　　　　　　　　　d)

图4-29　坐凳的布置

总之，广场上休息设施的布置都应当紧密结合具体的场地形状，因地制宜地做好安排，使广场的休息功能体现得更为充分。

九、广场周围的景观布置

广场周围的建筑、树木、背景山等多种景物构成了广场的外环境，同时也是广场空间的外缘竖向界面。这种界面的艺术形象如何，直接影响到广场的艺术效果。

周围景物高度与广场宽度之间的关系对广场空间艺术效果有较大影响。一般说来，后者尺度为前者尺度的 3~6 倍时，空间的开敞度、闭合度适中，空间感觉比较好。空间闭合度或开敞度的大小由向外的空间仰角所决定。空间仰角大，则闭合度大，开敞度小；空间仰角小，则闭合度小，开敞度大。空间仰角的大小受广场周围景物高度和空间观赏视距之间的比例关系所制约。作为广场的空间，闭合度宜小一些，空间仰角在 13°以下比较好。空间仰角达到 30°时，广场空间的闭合性明显，作为建筑庭院附属广场还可以，但作为园景广场的效果就要差一些。空间仰角达到 45°，闭合度太大，会出现广场不"广"，空间闭塞的情况，不宜增强广场的艺术效果。因此要在一定的广场宽度条件下，注意控制广场周围竖向界面上景物的高度。

在广场周围景观的处理方面，有如下两种设计方式。

1. 规则式

将广场周围景观设计为单纯的、规整的、主调明确的环境形象，从而更加突出广场本身的主题和景观形象。大多采用规则、对称、结构简洁的设计形式。例如：在广场纵轴线末端布置主体建筑，而在广场两侧和纵轴线前端则对称、整齐地布置宽窄一致、高矮相同的草坪带和树木绿带，而且树木采用统一的株行距规整地栽种成行列式，树种也只采用常绿的阔叶树或针叶树。这种环境设计能够很好地衬托广场内部的景观，有利于突出广场主题。

2. 自由式

强调景观变化，突出景观丰富多彩的特点，使广场空间界面在具有一定景观基调的情况下，让各局部的景观主调多有变换，从而给广场提供一个更加美好的空间环境。这种设计思想的典型例子是广场周围建筑自由地布置，建筑造型与装饰体现出很高的艺术水平。广场外缘设计有花坛、花境、花灌木丛、草坪绿带和风景树丛；最外圈的绿化带则用雪松、香樟、水杉、广玉兰等树形差异很大的乔木配植成林冠线有起有伏的风景林带。这种设计使环境的自然气息十分浓郁，格调轻松活泼，在环境艺术上能够达到比较高的水平。

两种环境设计方式创造出风格完全不同的两种艺术效果，这在广场设计中都是可以采用的，也可结合使用，如图 4-30 所示。广场的艺术效果除了受周围环境景观影响较大之外，广场的平面形状、面积大小、地面景观等也都对其有较大的直接的影响。

图 4-30　规则式与自由式结合的休闲绿地

【高手必懂】广场的形式美规律

一、多样与统一关系

在统一中存在变化、在变化中寻求统一。若相反的话，仅有多样性就会显得杂乱而无序，仅有统一性就显得死板、单调。所以一切艺术设计的形式中都必须遵循这个规律。实现多样统一必须通过影响广场形式美的因素去分析。影响广场形式美的因素是广场中主从关系、对比关系、韵律关系、比例关系、尺度关系以及均衡关系等。广场设计的统一性可以从形状的、色彩的协调来实现，这种协调通过广场局部构件尺寸、形状、色彩之间相似关系、共性关系来表现。

二、主从关系

从中外古今广场设计实例来看，采用左右对称的构图形式是比较普遍的。对称的构图形式主要表现为一主两从或多从的结构，主体部分位于中央，其他形成陪衬。一般纪念性广场、市政广场和交通广场等都采用这种形式。而非对称的主从广场形式比较自由、活泼。主从关系可以使广场形成视觉中心和趣味中心，产生鲜明的广场特征。

三、对比关系

广场的对比关系有大小对比、强弱对比、几何形对比、色彩对比等形式。

四、韵律与节奏

在广场艺术设计中，常运用形式因素有规律地重复和交替来作为构图手段。重复的类型有两种：韵律的重复和节奏的重复。韵律的基础是节奏，节奏的基础是排列。一般的理解是良好的排列称为具有节奏感、节奏性，同样对良好的节奏，人们一般称之为具有韵律感。韵律和节奏在广场竖向设计和平面设计的形态中有多种多样的体现，形成任何节奏、排列都是具有间歇的相互交替。间歇是指过渡性空间，例如柱与柱之间的间距关系。

第二节
广场铺装施工

【新手必读】广场铺装的原则

世界上许多著名的广场都由于其精美的铺装而给人留下深刻的印象。铺装设计虽应突出、醒目、新颖，但首先必须与整体环境相匹配，它的形状、颜色、质地都要与所处的环境协调一致，而不是片面追求材料的档次。单从美学上看，质感来自对比，如果没有衬托，再高档的材料也很难发挥出效果。只要通过不同铺装材料的运用，就可划分地面的不同用途，界定不同的空间特征，标明前进的方向，暗示游览的速度和节奏。选择一种价廉物美使用方便的铺装材料，通过图案和色彩的变化，界定空间的范围，能够达到意想不到的效果。在广场铺装设计时，要考虑下列因素。

一、整体统一原则

铺装材料的选择和图案的设计应与其他景观因素同时考虑，以便于确保铺装地面无论从视觉上还是功能上都被统一在整体之中。随意变化铺装材料和图案只会增加空间凌乱感。

二、主导性原则

在地面铺装设计中，要坚持突出主体、主次分明的原则。任何地面的铺装都要有明确的基调和主调。在所有局部区域，都必须要有一种占主导地位的铺装材料和铺装做法，必须要有一种占主导位的图案纹样和配色方案，必须要有一种装饰主题和主要装饰手法。从全面的观点来讲，广场地面一般应以光洁质地、浅淡色调、简明图纹和平坦地形为铺装主导。

三、简洁性原则

广场地面的铺装材料、造型结构、色彩图纹的采用不要太复杂，应适当简单一些，以便于施工。

四、舒适性原则

除了故意做的障碍性铺装以外，一般广场的地坪整理和地面铺装都要满足游人舒适地游览散步的需要。地面要平整，地形变化处要有明显标志。路面要光而不滑，行走要安全。

【新手必读】广场铺装的基本图样

一、古典铺装参考图样

几何纹样

几何纹样是最简洁、最概括的纹样形式。在古代，几何纹样比较早地被工匠们运用在铺装制作中，如图4-31所示。之后的铺装纹样虽更为丰富，但大多是在几何纹样的基础上变化发展起来的，或是将几何形作为纹样的骨骼，加入各式的自然纹样，创造出丰富的铺地纹样。同时，几何纹样自身也在不断变化发展，由刚开始简单的方形、圆形、三角形发展到如六角形、菱形、米字形、万字形、回纹形等各式各样的几何纹样。

图4-31　几何纹样

植物纹样

植物作为一类非常重要的构形素材，被广泛地运用在古代铺装中。植物纹样在铺装中的运用不仅美观而且有特殊的意义。例如：忍冬是半常绿的藤本植物，耐寒、耐旱、根系繁密，被人们视为坚毅不屈、坚韧不拔的代表；蔓草茎叶肥大，生长环境要求低，易生根，具有很强的生命力；莲花是我国人民喜爱的传统花卉，由于其"出淤泥而不染，濯清涟而不妖"而被视为"花中君子"，象征着高洁、清雅，如图4-32所示；石榴、葡萄等植物果实象征着丰收等。

动物纹样

古人还喜欢将一些象征吉祥或代表权势的动物造型运用到铺装图案中，如龙、鸟、鱼、麒麟、马、蝙蝠、昆虫等都是常见的动物纹样，如图 4-33 所示。

图 4-32　植物纹样

图 4-33　动物纹样

文字纹样

在古代铺装中经常能看见一些如"福""寿"等吉祥文字以及一些诗词歌赋结合几何纹样、植物纹样运用在地面的纹样中，寓意祥瑞或表现意趣，侧面映衬出景观环境中整体的生活气息和人文氛围，如图 4-34 所示。

综合纹样

在一些规模较大、寓意独特的景观中，经常会用到一些有叙事性的大型单元铺装纹样。这些纹样的内容往往是一些历史故事、典故或者神话传说、生肖形象等，这些铺装纹样构成元素一般都会包含风景、动植物、人物等形象，因此被称为"综合纹样"，如图 4-35 所示。

图 4-34　文字纹样

图 4-35　综合纹样

我国的铺装从早先的几何纹样到后期的综合纹样，不论从形式的变化还是从构图的发展上来看，都体现了极高的艺术价值和思想内涵。纹样或简洁或复杂或写实或抽象，无不体现着工匠们的精妙技艺与创新的思维，这正是我们中华民族博大精深的文化底蕴的产物。

二、当代铺装参考图样

当代铺装是指20世纪80年代后期的景观铺装设计。由于新材料、新施工工艺的不断出现与进步，当代铺装设计的形式更为多样，并且更加注重铺装在使用功能上对人们需求的满足性。为符合不同场所的需要，当代铺装设计要求根据不同场地的使用情况与使用特点来设置相应的铺装形式与材料。

1）随着城市现代化的进程加快以及现代人追求快节奏、高速率的生活方式的转变，当代景观铺装的纹样设计既重视其装饰风格又要求样式简洁、明朗、色彩丰富，更具时代感。

2）现今社会由于人流量的增大、运输承载的增加，传统铺装材料就其强度、平度和耐久性等方面往往不能满足使用的要求，因此，当代景观铺装材料则要求更坚固、更耐压、更耐磨。

3）采用更环保、更节能的材料，强调与自然环境和谐共处也是当代景观铺装设计中的重点。吸声抗尘路面等新型铺装如今在人行道、居住区小路、公园道路、通行轻型交通车道及停车场等地面中被广泛地应用。

4）当代铺装主要具有以下优点：改善植物和土壤微生物的生存条件和生存环境；减少城市雨水管道的设施和负担，减少对公共水域的污染；蓄养地下水；增加路面湿度，减少热辐射；降低城市噪音，改善城市空气质量等。

当代各种铺装样式如图4-36所示。

图4-36　当代各种铺装样式

图 4-36 当代各种铺装样式（续）

图 4-36 当代各种铺装样式（续）

图 4-36 当代各种铺装样式（续）

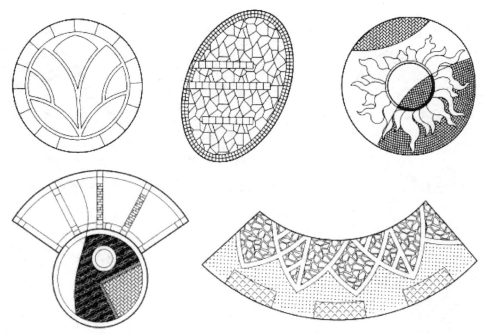

图 4-36　当代各种铺装样式（续）

【高手必懂】广场铺装的施工技术

一、施工准备

1. 材料准备

准备施工机具、基层和面层的铺装材料，以及施工中需要的其他材料，清理施工现场。

2. 场地放线

按照广场设计图所绘施工坐标方格网，将所有坐标点测设在场地上并打桩定点。然后以坐标桩点为准，根据广场设计图，在场地地面上放出场地的边线、主要地面设施的范围线和挖方区、填方区之间的零点线。

3. 地形复核

对照广场竖向设计图，复核场地地形。各坐标点、控制点的自然地坪标高数据，有缺漏的要在现场测量补上。

二、场地处理

1. 挖方与填方

当施工挖方与填方工程量较小时，可用人力施工；当工程量较大时，应该进行机械化施工。预留作为草坪、花坛及乔灌木种植地的区域，可暂不开挖，水池区域要同时挖到设计深度。填方区的堆填顺序应当是先深后浅；先分层填实深处，后填浅处。每填一层就夯实一层，直到设计的标高处。挖方过程中挖出适宜栽培的肥沃土壤，要临时堆放在广场外边，以后再填入花坛、种植地中。

2. 场地整平与找坡

挖方与填方工程基本完成后，对挖填出的新地面进行整理。要铲平地面，使地面平整度变化限制在 20mm 以内。根据各坐标桩标明的该点挖填的高度数据和设计的坡度数据，对场地进行找坡，保证场地内各处地面都基本达到设计的坡度。土层松软的局部区域还要做地基加固处理。

3. 确定边缘地带的竖向连接方式

根据场地周边与建筑、园路、管线等的连接条件，确定边缘地带的竖向连接方式，调整连接点的地面标高。还要确认地面排水口的位置，调整排水沟的底部标高，使广场地面与周围地坪的连接更自然，使排水、通道等方面的矛盾降至最低。

三、地面铺装

1. 基层的施工

按照设计的路面层次结构与做法进行施工，可参照前面关于园路地基与基层施工的内容，结合广场地坪面积宽大的特点，在施工中注意基层的稳定性，确保施工质量，避免今后广场地面发生不均匀沉降。

2. 面层的施工

采用整体现浇面层的区域，可把该区域划分成若干规则的地块，每一地块面积在（7m×9m）~（9m×10m）之间，然后依次施工。地块之间的缝隙做成伸缩缝，用沥青棉纱等材料填塞。采用混凝土预制砌块铺装的，可按照第二章有关部分进行施工。

3. 地面装饰

依照设计的图案、纹样、颜色、装饰材料等进行地面装饰性铺装，其铺装方法也参照第三章有关内容。

四、广场铺装实例

某广场的平面图和剖面图如图 4-37 所示。

图 4-37　某广场的平面图和剖面图
a）平面图　b）剖面图

某下沉式广场平面图和剖面图分别如图 4-38 所示。

a）

b）

图 4-38 某下沉式广场的平面图和剖面图

a) 平面图 b) 结构图

第五章
综合实例

【高手必懂】×××商业步行街设计实例

一、设计原则

商业步行街要服从于城市发展的总体规划要求，在选址、范围、交通分流、功能定位等方面，必须周密考虑，在内部的景观规划中应遵循以下原则。

功能性优先原则

商业步行街主体是要营造良好的商业氛围，因此规划时既要有利于商家的经营展示，又要有利于购物者的舒适购物。

生态化原则

商业步行街人流集中，要通过合理的绿色元素，有效地降低噪音、提高空气湿度和提供必要的遮阳效果，创造出轻松宜人的舒适环境。

多目标规划原则

通过合理的规划，在保障商业功能最大化发挥的基础上进行合理的空间分割，营造社交和集会的氛围；灵活多样地构思景观亮点，渲染文化魅力；创造宜人的环境，烘托聚集的人气，最终形成能满足不同年龄层次人群的不同兴趣爱好和审美需求的空间，并达到舒适购物、观赏休闲、文化品味和舒心交往等多种目标。

继承保护和发展文化原则

一条商业步行街的繁荣离不开历史的沉淀和文化的积累，继承和保护好城市街区传统的文化底蕴是根本，在此基础上，还需要不断发展和创新符合现代人们审美需求的景观元素。

可持续发展的原则

规划时要综合把握商业街的历史脉络，要预见未来的发展趋势，做到近期和远期规划相结合；要运用环境心理学的原理，使商业区环境氛围与功能发挥形成良好的互动，呈现良性循环，保障持续和恒久的发展态势。

二、商业步行街的植物配置

商业步行街的植物配置需呼应各项功能空间的气氛和需求，使其既能发挥生态绿色功能，又能体现符合功能的美化效果。

商业步行街两侧的植物距商业建筑至少在4m以上，可选择树池式或树台（凳）式栽植行道树。行道树的栽植株距要适当加大，最好和店铺与店铺之间的交界线对应，以免遮挡商铺。在内部，商业展示和文化表演区的乔木应冠高荫浓，留出较高的树冠净高度，一般多结合场地配置成对植、行植或孤植景观，周边可结合人流的疏导布置一些色彩艳丽和图案精美的花坛。游人休息区可种植成行成列的乔木，中间设置休闲桌凳，以较好地遮阳并提供良好的休息空间。文化展示区的植物应丰富多彩，乔木和花池（台）结合，用绿地分隔地块，形成并协调烘托展示空间。特色小吃和旅游纪念品经营地应采用乔、灌木结合，采用规则或自然的配置方式形成隔离围合的空间。对于地下情况不容许栽植乔木的，应使用可移动的大木箱或其他大型箱式种植器种植乔木，进行摆放。

三、商业步行街的铺装

以步行交通为主的商业步行街，既展示着城市商业文明的独特传统，又象征着城市当代经济生活的面貌和特色。在现代城市中，根据商业步行街的空间形态，一般可将其分为地上商业步行街和地下商业步行街两大类。地上商业步行街根据其不同的交通组织方式可分为完全商业步行街、半商业步行街和公交商业步行街三类。其中，完全商业步行街又进一步分为无拱顶型完全商业步行街和有拱顶型完全商业步行街。各类商业步行街的铺装要求如图 5-1 ~ 5-4 所示。

无拱顶型完全商业步行街

图 5-1　无拱顶型完全商业步行街

有拱顶型完全商业步行街

图 5-2　有拱顶型完全商业步行街

图 5-2 有拱顶型完全商业步行街（续）

半商业步行街

以时间阶段管制机动车进入区域内，在时间上分为"定时"和"定日"两种。如每日晚6点至10点或周末、节假日期间禁止机动车通行，实行完全商业步行街

采用一块板的断面形式

半商业步行街一般采用一块板的断面形式，两侧留有较宽的人行道

采用彩色沥青路面

为了保证平日机动交通的正常运行，车行道的路面镶地要满足道路路面层的技术要求。为突出商业街的繁华气氛，可采用彩色沥青路面，但不宜采用较浓烈的色彩，应注意衬托和强调两侧的人行道与建筑立面设计

质感粗糙的人行道铺装

人行道铺装的色彩选择应注意与两侧建筑相协调，可采用一种较为醒目的主色调来强化商业街的连续性和整体性。多采用表面质感粗糙、抗滑性好的砌块材料进行铺装

图 5-3 半商业步行街

地下商业步行街

铺装要求

铺装应该力求创造安全感、舒适感、整体感、宽敞感以及方向感。地面铺装要平整，铺装材料应具有防滑、耐磨、防潮、防火、易清洁的特点，多采用水磨石或地面砖铺砌

保持统一的格调

由于在地下商业步行街中丰富多彩的店面和花色繁多的商品占有重要位置，因此，地面应注意保持统一的格调和色调，简洁明快，以强化空间的整体感，创造出轻松舒适的氛围。一般采用明亮淡雅的暖色调，带给人们一种温暖干燥的心理感受，使空间显得更大、更宽敞。多采用单色铺装，为防止单调感，可在大面积单色的基础上加一些异色连续性的富有韵律感的图案。例如：重复的方格形图案可以增强空间的整体感与稳定感；斜线的动态和运动感能够引起人们的注意，运用斜向图案有助于强化空间的宽敞感；运用彩绘地砖则可以提高观赏价值、丰富视觉感受，而且它们都可以给人以方向感，能够对人流起到导向的作用

主要出入口的门厅、通道的铺装处理

地下商业步行街常会在主要出入口的门厅、通道的十字或丁字交叉点或通道的端头等处组织一些供顾客休息的空间，以减轻由于通道过长而产生的枯燥感，同时可改善购物环境。对于这些休息空间的地面铺装要进行精心的施工。例如，可以运用天然材料，如卵石、木砌块、不规则石料等材料与流水、植物等自然要素相配合，营造出一个充满自然气息的温暖舒适的休息空间，给人们留下深刻印象，吸引人们停留欣赏，甚至该休息空间还会成为整个地下商业步行街的一个重要标志

图 5-4 地下商业步行街

四、案例

某商业步行街的铺装设计如图 5-5、图 5-6 所示。

图5-5　某商业步行街的铺装设计

图5-6 某商业步行街的铺装设计

【高手必懂】×××居住区道路设计实例

一、居住区道路系统

居住区道路系统规划通常是在居住区交通组织规划下进行的。一般居住区道路系统可分为人车分流和人车合流两类。在这两类道路系统下，综合考虑居住区的地形、住宅特征和功能布局等因素，进行合理的居住区道路系统规划。

1. 人车分流的居住区道路系统

人车分流的居住区道路系统是 20 世纪 20 年代提出的。目前，国内像北京、上海、广州、深圳等城市以及其他经济发达地区，推行以高层为主的居住区环境，停车问题主要是在地下解决。组团内部的地面上形成了独立的步行道系统，将绿地、户外活动、公共建筑和住宅联系起来，结合小区游戏场所可形成小区的游憩娱乐环，为居民创造更为亲切宜人而富有情趣的生活空间，也可为景观的欣赏提供有利的条件。

2. 人车合流的居住区道路系统

人车合流又称人车混行，是居住区交通组织规划中一种很常见的道路系统。与人车分流的居住区道路系统相比，在私人汽车不发达的地区，采用这种道路系统有其经济、方便的地方。我国城市之间的发展差异悬殊，根据居民的出行方式，在普通中、小城市和经济不发达地区，居住区内保持人车合流还是适宜的。在人车合流的同时，将道路按功能划分主次，在道路断面上对车行道和步行道的宽度、高差、铺装材料、小品等进行处理，使其符合交通流量和生活活动的不同要求，在道路线型规划上防止外界车辆穿行等。人车合流的居住区道路系统多采用互通式、环状尽端式或两者结合使用。

二、居住区道路绿化

居住区道路绿化应注意以下 5 点。

1）以树木花草为主，多层布置，提高绿化率。在种植乔、灌木遮阳的同时，可多种宿根及自播繁衍能力强的花卉，如美人蕉、一串红等，丰富绿地的色彩。

2）考虑四季景观及绿化的效果，注意常绿与落叶、乔木与灌木、速生与慢生、重点与非重点相结合。

3）种植形式多样化，以丰富的植物景观创造多样的生活环境。居住区主要道路的绿化树种的选择应不同于城市街道，形成不同于市区街道的气氛。配置方式上可更多地采用乔、灌、草相结合的方式。要考虑行人的遮阳与交通安全，在交叉口及转弯处要符合视距三角形的要求，如果路面宽阔，可选体态雄伟、树冠宽阔的乔木，在人行道和居住区建筑之间可多行列植或丛植乔、灌木以起到防尘、隔声的作用。小区道路树种的选择多用小乔木、开花灌木和叶色有变化的树种。各小区道路应有个性、有区别，选择不同树种、不同断面种植形式，每条路上以一二种花木为主，形成合欢路、樱花路等。各住宅小路从树种选择到配置方式注重多样化，形成不同景观，便于居民识别家门。

4）选择生长健壮、便于管理、少病虫害及有经济价值的植物。

5）注意与地下管网、地上架空线、各种构筑物和建筑物之间的距离，符合安全规范要求。

三、居住区道路铺装

1. 居住区道路网络框架

道路是居住区的构成框架，一方面它起到了疏导居住区交通、组织居住区空间的功能，另一方面，好的道路设计本身也构成居住区的一道亮丽风景线。居住区道路为居住空间的一部分，不仅关系到居民日常出行，而且与居民的邻里交往、休息散步、游戏休闲、认知定位等密切相关。

目前，国内对居住区道路进行规划时，基于交通集散的思想，习惯上将其分为四个等级布置：居住区级道路，相当于城市次干道或一般道路，一般均与城市干道或次干道相连；居住小区级道路，是联系居住区内各组成部分的道路；居住生活单元级道路，是居住生活单元内的主要道路；宅前小路，则是通往各单元及各户的门前小路。

2. 居住区道路铺装要求

居住区道路对居住区的空间环境具有重要的影响，道路的布置应该充分利用区内的自然状况，结合楼宇分布，借形取势。为了充分体现"以人为本"的设计原则，居住区道路一般按使用功能划分为车行和步行两个系统，可以通过不同的路面铺装进行有效的空间界定。

机动车道

为了减少机动车对居住区宁静、安全环境的影响，居住小区级和居住生活单元级道路等车行道路可以有意识地采用曲折的路线，迫使机动车减速，同时又可以丰富街道景观。机动车道路面一般由混凝土、沥青等耐压材料铺装，而随着人们对居住区景观环境的要求越来越高，沥青类整体性景观铺装材料或经过表面处理的水泥混凝土板块类景观铺装材料将会得到广泛应用。一些车行道也可以采用块石、小方石、混凝土砌块等坚固、耐磨的铺装材料，形成粗糙的道路表面，有效地降低车速，提高安全性。

人行道

居住区人行道的铺装设计过程是创造一个以"人"为主体的、一切为"人"服务的空间的过程。路面铺装应与居住区整体风格融合协调，通过它的材质、颜色、肌理、图案变化创造出富有魅力的路面和场地景观。铺装材料以砌块类材料为主，色彩应生动活泼、富于变化。一个小区可以采用同一组色彩进行设计，但要注意配合小区的整体格调，这样可以建立一种良好的空间秩序，使人们漫步在人行道上通过地面铺装色彩的变化即可感知到空间的转换。铺装图案应充分利用点、线、面的变化，突出方向感与方位感，限定场地界线，不但有利于来访客人辨识定位，也给居民一个清晰的、属于自己的空间领域，使居民对自己的居住环境产生认同感，对自己的居住社区产生归属感。此外，铺装图案还强调趣味性、可观赏性、小而宜人的尺度，使人们乐在其中，轻松愉快地漫步、交往、嬉戏、观赏景色，享受生活。

宅前小路

宅前小路是居住区道路系统的重要组成部分，需要对道路的平曲线、竖曲线、宽窄和分幅、铺装材质、绿化装饰等进行综合考虑，从而赋予道路美的形式。通常采用石料板材、碎拼石材、块石、拳石、卵石、木砌块等自然材料铺筑而成。其与取材自然的路牙、路边的块石、休闲座椅、植物配置、灯具、小亭、篱笆、流水等巧妙搭配，可以创造出一条条优美宜人的"健康路径"，营造出一种曲径通幽、错落有致的极富创意和个性的景观空间。这种回归自然的景观环境，将以自然的材料、传统的韵味、现代的设计手法唤起人们美好的情趣和情感寄托，让人与大自然共栖，尽情体验"天人合一"的境界。

四、案例

某景区的道路规划、植物配置和道路铺装分别如图 5-7 ~ 图 5-9 所示。

图5-7 某景区的道路规划图

图5-8　某景区的植物配置图

图5-9　某景区的道路铺装图

青石板铺装
页岩石铺装
大理石铺装
白色水洗嵌石
汀步石
毛面花岗石铺装
光面花岗石铺装

木板铺装
广场砖铺装
木方铺装
橡塑铺装
卵石铺装
青砖铺装
橡塑铺装
卵石铺装

【高手必懂】×××园桥设计实例

1. 本设计未详之处均按现行的国家及地方有关规范规程执行；施工严格按现行施工规范执行。

2. 本工程 ±0.000 标高为相对标高。图 5-10 ~ 图 5-13 中除标高以 m 计外，其余均以 mm 计。

3. 钢筋混凝土结构：图 5-10 ~ 图 5-13 中注明者按图示，其余如下（d 均为受力钢筋直径）。

1）钢筋"$\phi 130$"表示Ⅰ级钢筋，"$\phi 131$"表示Ⅱ级钢筋。焊条：Ⅰ级钢筋用 E43 系列，Ⅱ级钢筋用 E50 系列。

2）本设计的钢筋混凝土构件，除注明外，桥面（包括梁）混凝土为 C25，基础为 C25。

3）钢筋保护层厚度：现浇板为 15mm 厚，基础为 35mm 厚。

4）钢筋锚固长度（L_a）：Ⅰ级钢筋为 25d，Ⅱ级钢筋为 35d。

5）钢筋接头长度（优先采用焊接接头）：焊接，双面焊 5d，单面焊 10d，非焊接搭接，1.2d。受力钢筋接头的位置应相互错开，在非焊接搭接长度的任一区段内和采用焊接搭接接头时，在焊接接头处的 35d 且不小于 500mm 区段内，有接头的钢筋截面面积占总截面面积：焊接搭接受拉时为 50%，受压时不限；非焊接搭接受拉时为 25%，受压时为 50%；且在非焊接搭接区箍筋应加密，间距小于 100mm。

6）梁、柱等构件箍筋采用封闭式，焊接箍筋在短边的中间部位焊接，非焊接箍筋的弯钩的平直部分不应小于箍筋直径的 10 倍，钢筋末端应做成 135°弯钩。

7）梁柱箍筋加密：在距梁端 >1.5Hb >500（Hb 为梁高，其余同）处箍筋加密为 @100；在距梁端 >H6 >500 且大于柱长边尺寸（H 为柱净高，其余同）处箍筋加密为 @100。

8）梁上部负筋均按梁净距的 1/3 截断。

9）凡腰筋均为 $\phi 6$，间距为箍筋的 2 倍。

4. 石翻结构：

1）块石强度等级不低于 MU30，水泥砂浆强度等级按剖面说明。块石宽度尽可能控制在 300 ~ 400mm，中部厚度不小于 200mm。

2）块石挡墙上部做成天然堆刻状。

5. 土建施工时请与其他工程密切配合。凡有管线穿越墙时应预留孔洞或预埋套管以免影响施工质量。

6. 图 5-10 ~ 图 5-13 未尽事项详见各施工图说明及按有关施工及验收规范处理。

图 5-10 装配图

注：图中 y 表示柱高。

園林工程 *从新手到高手*
园路、园桥、广场工程

图 5-11　单孔石拱桥平面图、断面图

图 5-12　单孔石拱桥立面图、基础图

青石钩栏结构装配图

图 5-13　单孔石拱桥石钩栏装配图

【高手必懂】×××广场设计实例

一、停车场设计

随着城市交通不断发展，游览公园和风景区需要停泊车辆的情况也会越来越多；在城市中心广场及机关单位的绿化庭院中，有时也需要设置停车场和回车场。典型的停车场如图 5-14 所示。

图 5-14　典型的停车场平面图

1. 停车场的要求

（1）停车场的位置　停车场的位置一般设在大门以外，尽可能布置在大门的同一侧。大门对面有足够面积时，停车场可酌情安排在大门对面。少数特殊情况下，大门以内也可划出一片地面作停车场。在机关单位内部没有足够土地用作停车场时，也可扩宽一些庭院路面，利用路边扩宽区域作为小型的停车场。面临城市主干道的园林停车场应尽可能离街道交叉口远些，以免导致交叉口处的交通混乱。停车场出入口与公园大门原则上都要分开设置。停车场出入口不宜太宽，一般设计为 7～10m。

（2）停车场与周围环境　园林停车场在空间关系上应与公园、风景区内部空间相互隔离，要尽可能减少对公园、风景区内部环境的不利影响，因此，一般都应在停车场周围设置高围墙或隔离绿带。停车场内设施要简单，要确保车辆来往和停放通畅无阻。

（3）停车场与车辆通行　停车场内车辆的通行路线及倒车、回车路线必须合理安排。车辆采用单方向行驶时，要尽可能取消出入口处出场车辆的向左转弯。对车辆的行进和停放要设置明确的标识加以指引。地面可绘上不同颜色的线条，来指示通道、划分车位和表明停车区段。不同大小长短的车型最好能划分区域，按类停放，如分为大型停车区、中型停车区和小型、微型停车区等。

（4）停车场的铺装要求　根据不同的园林环境和停车需要，停车场地面可以采用不同的铺装形式。城市广场、公园、机关单位的停车场一般采用水泥混凝土整体现浇铺装，也常采用预制混凝土砌块铺装或混凝土砌块嵌草铺装；其铺装等级应当高一点，场地应更加注意美观整洁。风景名胜区的停车场则可视具体条件，采用沥青混凝土和泥结碎石铺装为主；如果条件许可，也可采用水泥混凝土或预制砌块来铺装地面。为确保场地地面结构的稳定，地面基层的设计厚度和强度都要适当增加。为了地面防滑的需要，场地地面纵坡在平原地区不应大于 0.5%，在山区、丘陵区不应大于 0.8%。从排水通畅方面考虑，地面也必须要有不小于 0.2% 的排水坡度。

2. 停车场的铺装样式

停车场的铺装样式如图 5-15 所示。

a）

图 5-15　停车场的铺装样式

图 5-15　停车场的铺装样式(续)

3. 车辆的停放方式

车辆的停放方式对停车场的车辆停放量和用地面积都有影响,车辆沿着停车场中心线、边线或道路边线停放时有三种停放方式。

平行停车

平行停车指停车方向与场地边线或道路中心线平行。采用这种停车方式的每一列汽车所占的地面宽度最小,如图 5-16 所示。因此,这是适宜路边停车场的一种方式。但是,为了车辆队列后面的车能够驶离，前后两车间的净距要求较大，因此在一定长度的停车道上，这种方式所能停放的车辆数比其他方式少 1/2 ~ 2/3。

图 5-16 平行停车尺寸

斜角停车

停车方向与场地边线或道路边线呈斜角，车辆的停放和驶离都最为方便。这种方式适宜停车时间较短、车辆随来随走的临时性停车道。由于占用地面较多，用地不经济，车辆停放量也不多，混合车种停放也不整齐。因此，这种停车方式一般应用较少，斜角停车方式如图 5-17 所示。

图 5-17 斜角停车尺寸

垂直停车

　　车辆垂直于场地边线或道路中心线停放，每一列汽车所占地面较宽，可达 9～12m，并且车辆进出停车位均需倒车一次，如图 5-18 所示。但在这种停车方式下，车辆排列密集，用地紧凑，所停放的车辆数也最多，一般的停车场和宽阔的停车道都采用这种方式停车。

图 5-18　垂直停车尺寸

　　4. 停车场面积的计算

　　停车场所需面积大小与车辆停放数、车型类别、停车方式及通行道的几何尺寸有关。根据园林规划所确定的停车数量，再分别计算出不同车型的单位停车面积，最后就可算出停车场的总面积。根据已知的停车场总面积，也可以推算出所能停放的车辆数。或者根据已知的停车场总面积，也可以推算出所能停放的车辆数。

　　5. 回车场

　　在风景名胜区、城市公共园林、机关单位绿地和居住区绿地中，当道路为尽端式时，为便于汽车进退、转弯和调头，需要在该道路的端头或接近端头处设置回车场地。如果道路尽端是路口或是建筑物，那就最好利用路口或利用建筑前面的预留场地加以扩宽，兼作回车场用。如果是断头道路，则要单独设置回车场。回车场的用地面积一般不小于 12m×12m，回车路线和回车方式不同，其回车场的最小用地面积也会有一些差别，如图 5-19 所示。

图 5-19　回车场平面图

6. 停车场的铺装做法

停车场的铺装做法如图 5-20 所示。

图 5-20　停车场的铺装做法

注：道路坡度为 2% ~ 3%。

7. 自行车停车场

城市公共园林的自行车停车场一般设置在露地，工厂、机关单位和居住小区的自行车停车场则多数要加盖雨篷。由于自行车单车占地面积较小，故停车场的设置比较灵活，对场地的形状、面积大小要求不高，完全可以利用一些边角地带来布置。

（1）自行车的停放与排列方式。自行车的停放与排列方式有前轮相对错开、车把竖向错开、60°角斜放、车身竖放车把 30°斜放等方式，如图 5-21 所示。包括进出存车、取车的通道面积在内，每辆自行车的平均占地面积可按 1.4 ~ 1.8m² 计算。目前，自行车停车场多是自行车与摩托车混合停放，并且许多自行车的车把前都装有购物篮筐，在计算单位停车面积时应该取较大值。

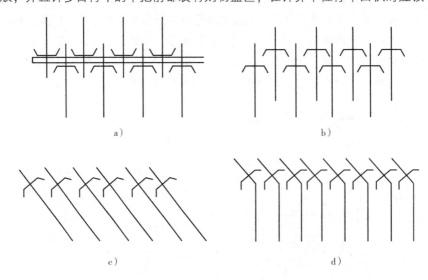

a)　　　　　　　　　　　　　　　　　　b)

c)　　　　　　　　　　　　　　　　　　d)

图 5-21　自行车的停放与排列方式平面图

a）前轮相对错开　b）车把竖向错开　c）60°斜放　d）车身竖放车把 30°斜放

（2）自行车房的布置　按规划预定的停车数量确定自行车停放方式，计算出停车房所需用地面积。然后确定自行车排列行数，在每两行间设存取车通道。每条通道宽可按1m计，每行自行车宽按1.8m计。这样，停放单排自行车加一条通道的自行车房可设计为宽3m；停放两排自行车加一条通道的自行车房宽为4.8~5.0m；停放四排自行车加两条通道的自行车房宽度可达9.3~10.0m。

8. 停车场的绿化

机动车逐渐增加，对于停车场的设立及绿化要求也不断提高。停车场分成三种形式，即多层停车场、地下停车场和地面停车场。目前我国地面停车场较多，又可分为三种形式。

周边式绿化的停车场

四周种植落叶及常绿乔木、花灌木、草地、绿篱或围成栏杆，场内全部为铺装，近年来多采用嵌草砖作为铺装。四周规划有出入口，一般为中型停车场。

树木式绿化的停车场

一般为圈套型的停车场，场内有成排成行的落叶乔木，场地可采用嵌草砖铺装。这种形式有较好的遮阳效果，车辆和人均可停留，创造了停车休息的好环境。

建筑前绿化兼停车场

建筑前的绿化可以增加街景变化，衬托建筑的艺术效果。建筑前的绿化布置较灵活，景观比较丰富，多结合基础栽植、前庭绿化和部分行道树设计，可以布置成利于休息的场地。能对车辆起到一定的遮阳和隐蔽作用，以防止因车辆组织不合理使建筑入口场地显得比较凌乱，一般采用乔木和绿篱或灌木结合布置。

二、运动场设计

运动场设置的地方应该地势平坦，空气新鲜，日光充足。四周栽植庇荫树，设立若干花坛，在适当的地方需有座椅、看台等设施。大规模的运动场应有管理室、医务室、休息室、更衣室、浴室、厕所及主席台等设施。运动场设施的设计、施工、管理均须简单方便，配置各项目的空间的规模、形状及设施连接方法均应考虑。

1. 常见球场的设计

篮球场

篮球场的平面图和结构图如图5-22所示。篮球场上方7m以内的空间不能有任何障碍物，场地四周的线外至少应有2~3m宽的无障碍区，防止影响球的运行或出现伤害事故。篮球架可由金属、木材或其他适宜的材料制成。为确保篮球架符合规则的要求并具有安全性，建议购买正规厂家生产的篮球架。土质、水泥、沥青、塑胶和木质地面均可，要求平整、坚实。

100厚C20细粒式水泥混凝土
300厚1：6灰土（体积比）
压实土基（轻型压实）

b）

图5-22　篮球场的平面图和结构图
a）平面图　b）结构图

羽毛球场

羽毛球场是一个长 13.40m、宽分别为 5.18m（单打）和 6.10m（双打）的长方形场地，羽毛球场的平面图和结构图如图 5-23 所示。球场四周 2m 以内、上空 9m 以内不得有任何障碍物，防止影响球的运行和出现危险。场地可采用木质、水泥、塑胶、黏土等材料，要求平整、坚实，以确保安全。

图 5-23 羽毛球场的平面图和结构图
a) 平面图 b) 结构图

排球场

排球场的平面图和结构图如图 5-24 所示。端线外至少有 8m、边线外至少有 3m 的无障碍区。地面以上至少有 12.5m 高的无障碍空间，从而确保球的运行以及防止出现伤害事故。排球场中间有一张球网，网柱应为两根光滑圆柱，一般由金属或木材等材料制成。网柱固定在边线中点外 0.5~1m 的地方，禁止使用拉链固定网柱，防止发生危险。为确保器材符合规则的要求并具有安全性，建议购买正规厂家生产的产品。土质、木质或合成材料的地面均可，但必须呈水平面，不能有明显的粗糙或湿滑的现象存在。

图 5-24 排球场的平面图和结构图
a) 平面图 b) 结构图

沙滩排球场

沙滩排球场为长18m、宽9m的长方形场地。场地边线外应至少有5m宽的无障碍区，端线外无障碍区至少为4m宽。场地的地面必须是水平的沙滩，尽可能平坦，不能有石块、壳类及其他可能造成运动员损伤的杂物，细沙的深度至少应有30cm。

小足球场

小足球场为长60~70m、宽40~50m的长方形场地，场地周围至少应有5~6m的无障碍区，以免发生危险。足球场两端各设一球门，为保证安全，无论是可移动球门或是不可移动球门，使用时都必须牢牢地固定在场地的球门线上。比赛场地可用天然草坪、人造草坪、木材、土地等材料。土质场地要求平整，土质软硬要适度，并要保持一定的潮湿度；场地上不应有明显的沙粒、土块、小石块及玻璃片等物。

门球场

门球场为长25m（或20m）、宽26m（或15m）的长方形场地，四周内连线称界线，也称比赛线。外连线称为限制线。场地四周应有离界线至少1m的无障碍区。场地的地面为略带沙质的土质场地、天然草坪和人造草坪几种，地面必须平坦和水平。球门和立柱用金属材料制成，必须牢固地钉入地下。

2. 常见运动设施的设计

常见运动设施的设计如图5-25~图5-30所示。

网球场

图5-25　网球场运动设施的设计

篮球场

图5-26　篮球场运动设施的设计

羽毛球场

图5-27　羽毛球场运动设施的设计

排球场

图5-28　排球场运动设施的设计

足球场

图 5-29　足球场运动设施的设计

游泳池

图 5-30　游泳池运动设施的设计

参 考 文 献

[1] 陈祺，陈佳．园林工程建设现场施工技术［M］．2版．北京：化学工业出版社，2011.

[2] 郭丽峰．园林工程施工便携手册［M］．北京：中国电力出版社，2006.

[3] 郝瑞霞．园林工程规划与设计便携手册［M］．北京：中国电力出版社，2008.

[4] 郭爱云．园林工程施工技术［M］．武汉：华中科技大学出版社，2012.

[5] 孟兆祯，毛培琳，黄庆喜，等．园林工程［M］．北京：中国林业出版社，1996.

[6] 蒋林君．园林绿化工程施工员培训教材［M］．北京：中国建材工业出版社，2011.

[7] 魏岩．园林植物栽培与养护［M］．北京：中国科学技术出版社，2003.

[8] 刘磊．园林设计初步［M］．2版．重庆：重庆大学出版社，2019.

[9] 吉河功．苏州园林写真集［M］．苏州：古吴轩出版社，2002.

[10] 周代红．园林景观施工图设计［M］．北京：中国林业出版社，2010.

[11] 李正刚，王万喜．城市广场人性化设计探讨［J］．安徽农业科学，2007,35(6)：1652-1653，1780.

[12] 栾春凤，白丹．园林规划设计［M］．武汉：武汉理工大学出版社，2013.

[13] 常俊丽，娄娟．园林规划设计［M］．上海：上海交通大学出版社，2012.

[14] 诺曼 K. 布思．风景园林设计要素［M］．曹礼昆，曹德鲲，译．北京：北京科学技术出版社，2018.

[15] 文增著．广场设计［M］．沈阳：辽宁美术出版社，2014.

[16] 赵晨洋．景园建筑材料与构造设计［M］．北京：机械工业出版社，2012.

[17] 《市政工程设计施工系列图集》编绘组．市政工程设计施工系列图集：园林 景观工程［M］．北京：中国建材工业出版社，2003.

[18] 《园林景观设计与施工细节 CAD 图集》编写组．园林景观设计与施工细节 CAD 图集：铺装与植物造景［M］．北京：化学工业出版社，2013.

[19] 深圳文科园林股份有限公司．园林景观设计质量控制手册［M］．北京：中国林业出版社，2015.